公路与桥梁工程施工技术

邵景干◎著

湘潭大学出版社
XIANGTAN UNIVERSITY PRESS

前言

PREFACE

公路工程,指公路构造物的勘察、测量、设计、施工、养护、管理等工作。公路工程构造物包括:路基、路面、桥梁、涵洞、隧道、排水系统、安全防护设施、绿化和交通监控设施以及施工、养护和监控使用的房屋、车间和其他服务性设施。正因为公路工程建设与我们生活环境的方方面面都有着密切的关联,所以我们要加强对公路工程的建设,便利人们的生活。可以说,公路建设是关系到民生的一项重要的事业,其发展程度对于社会的发展有着重要的作用,因此我们要重视我国的公路建设,提高公路的覆盖率,重视公路的建设质量。

随着经济与科技的飞速发展,桥梁施工的基础理论知识与施工经验不断丰富,桥梁结构现代施工技术获得了很大的提升,桥梁施工建设迎来了成熟的高科技施工时代。当前,桥梁结构不断推出新形式,工程规模也越来越庞大,对桥梁结构的施工工艺、施工装备与施工组织管理等方面提出了更高的要求。在发展基础理论研究和总结工程实践经验的基础上,我国的桥梁结构施工技术不断推出新方法、新工艺和新装备,并在国内外桥梁工程建设中取得了良好的应用效果,提高了桥梁结构施工安全和施工进度。采用先进的桥梁结构施工工艺必须以先进的施工装备为前提,我国的桥梁结构施工装备技术也在不断更新和发展。近年来,液压同步提升装备、大节段吊装装备、步履式顶推装备、高铁提运架装备等现代施工装备相继获得了广泛应用,在各种形式的桥梁结构施工中表现出高效、高可靠性和高安全性的特点,提升了桥梁结构施工作业的机械化和智能化水平。

桥梁工程与施工技术研究在工程领域发展中广为实践,并取得了显著的成效。不同桥梁类型所采用的施工技术和方法也不尽相同,桥梁结构施工技术的研究还不能完全满足现代机械化和智能化施工要求,在一些大型桥梁结构的施工中仍然面临很多技术难题,迫切需要相关基础理论,关键技术和施工案例作为指导。因此对桥梁工程与施工技术的研究具有重要意义。

目前,建设工程的规模日益扩大,种类日益繁多,呈现出蓬勃发展的势头。纵观全国,数以万计的高楼拔地而起,公路、桥梁建设发展迅猛,成就斐然,有力地推动着国民经济持续快速健康增长。

目　录

CONTENTS

第一章 公路与桥梁工程施工基础

第一节 道路工程施工的发展与步骤

一、道路工程施工的历史与发展

(一)道路工程施工的历史

世界上最早记载有道路建设的国家是中国。“道路”名称始于周朝,秦朝时称“驿道”,元朝称“大道”。我国是历史悠久的文明古国,早在公元前2600多年前的原始社会,轩辕氏就发明了舟车,采用圆形车轮来运输货物,马车、战车和乘车相继问世,修建有可供其行驶的道路。到西周时期道路建设已初具规模,并有了专门管理道路的“司空官”,可见当时的车辆运输与道路建设就已有了较大的发展。《周礼》中记载:“匠人营国,方九里,旁三门。国中九经九纬……”“经涂九轨,环涂七环,野涂五轨。”《诗经》中记载:“周道如砥,其直如矢。”秦、汉时期是我国古代道路发展的鼎盛时期,初步建成了四通八达的道路网,并在道路结构、施工方法等方面做了许多创新,其间形成的“直道”“栈道”更是具有了早期高等级道路的雏形。到了清代,已对道路进行了分级,如“官马大路”、“大路”、“小路”3个等级,其中仅“官马大路”已达2 000 km以上。

20世纪初第一辆汽车进入我国后,通行汽车的公路开始发展起来,1896年建成了我国历史上第一条公路,即龙州至镇南关公路(长55 km)。但在中华人民共和国成立以前,我国道路发展缓慢,且屡遭破坏。在这一时期,修建的多为天然泥土路、泥石路或泥结碎石路,且施工技术及手段落后,主要是人工挑抬,石碾压实,虽引进了一些筑路机械,但由于机械配件和燃料供应困难而很少使用。中华人民共和国成立初期,全国仅有推土机200余台、挖掘机不足10台、压路机不足100台、汽车100余辆。

随着我国公路及城市道路建设事业的蓬勃发展，道路施工技术水平也相应地得到了较快的提高，组建了道路施工专业队伍，颁布了各种公路及城市道路设计与施工技术规范或规程，使道路施工及管理迅速地走上正轨。由专业施工队伍负责承担施工任务的国、省干线公路工程相继竣工，并在这些工程的施工中探索、掌握了土石方大爆破施工、泥结碎石路面施工及泥结碎石路面加铺级配磨耗层施工、渣油表处路面、软土等特殊地基的处理等一系列的道路施工技术，使我国的道路施工技术水平有了一个整体上的提高。

自20世纪80年代以来，我国的道路建设事业得到了迅速发展，高速公路及城市快速路实现了零的突破。为适应高等级道路建设高标准和高质量的要求，道路施工技术也获得了前所未有的发展，主要表现在以下几个方面：

第一，制定（或修订）并完善了公路及城市道路工程设计施工技术规范，初步建立了一整套符合我国国情的道路施工控制、检测及验收标准。施工的控制及检测手段日臻完善，从而有力地保证了工程质量，加快了施工进度。

第二，机械化施工水平大大提高，各种先进的筑路机械广泛应用于道路工程的施工。全国各地组建了一批设备先进、种类齐全的道路机械化施工队伍，道路施工基本实现了由手工操作逐步向现代化机械作业方式的转变。

第三，新技术、新工艺、新材料得到广泛应用，进而取得了巨大的社会、经济效益。

（二）道路工程施工技术的特点

1.对道路建设的要求

随着世界各国技术经济的进步，道路交通事业的发展和人们物质文化水平的提高，对道路建设也提出了更高的要求，其主要表现在以下几个方面：

第一，对道路功能的要求越来越高，如通行能力、承载能力及行车的安全性和舒适性等。

第二，对道路整体线形、路容、路况的要求越来越高，特别是山区公路及旅游区道路，其路线与周围环境的协调性成为重要的评定条件。

第三，对道路的环保要求越来越高，如对行车污染和噪声的限制等。

第四，对道路的施工速度、施工质量和管理水平的要求越来越高，施工中普遍采用自动化机械设备快速施工作业。

2.道路工程施工的特点

道路是一种人工构造物,是通过设计与施工消耗大量的人工、材料和机械而完成的建筑产品。道路施工与一般工业生产和其他土木建筑工程施工(如房屋建筑)相比具有以下特点:

第一,道路工程是线形建筑物,施工面狭长,流动性大,临时工程多,施工易受到其他工程和外界的干扰,施工管理工作量大。

第二,道路施工系野外作业,受水文、气候、地质等自然条件的影响很大。特别是在雨期和冬季施工有许多困难,施工作业受到极大限制。

第三,道路经过的地形地貌差别很大,致使工程数量很不均匀,给各施工项目之间的协调工作带来困难。尤其是高等级道路的施工,其对机械化程度要求更高,各种新工艺、新材料、新技术应用广泛;征地、拆迁工作量大,占用土地多,涉及面广,施工干扰多,施工中的横、纵向协调工作量大,这就使施工的组织与管理更加严格。

第四,道路是永久性建筑,占用土地较多,一般不可能拆除重建,再加上道路暴露于外界,长年经受行车荷载及环境因素的作用,道路建设项目复杂,工程投资大,任务艰巨,工期要求紧,因此对工程的质量要求尤为重要。

(三)道路工程施工技术的发展趋势

道路工程施工的特点决定了道路工程施工的规律,只有客观地研究并遵循这些规律,科学地组织道路工程施工,才能圆满地完成施工项目的任务。目前,道路工程施工技术正朝着机械化、自动化、标准化和工业化方向发展,施工技术的发展将更好地满足设计要求,设计与施工的结合将更加密切。其主要表现在以下几个方面:

1.施工方案

在道路施工方案的拟定和选择方面,将充分利用电子计算机及其他现代先进手段,综合考虑材料、机具、工期、造价等因素,进行方案优化,以获取最大的经济效益与社会效益。

2.施工工艺

在土石方综合爆破、稳定(加固)土、旧有沥青和水泥混凝土再生、工业废料筑路及水泥、沥青、土壤外加(改性)剂等施工工艺方面将有突破性的进展。

3. 施工机械

在施工机械方面，将出现使用一条龙的单机配套机械进行流水作业和多功能的联合施工机械；为实现施工机械自动化，还将使用电子装置和激光技术，对施工现场进行遥控监测。

4. 施工检测技术

在施工检测技术方面，将广泛使用能自动连续量测动、静两种荷载作用下的路基、路面弯沉仪和曲率半径仪，研究使用冲击波、超声波测定道路结构的强度和弹性模量，并研究使用雷达波、同位素方法等测定密实度和厚度，以及使用电脑自动连续量测路面抗滑性能和平整度的仪器等。

5. 施工作业

在施工作业方面，将大量使用预制结构，使路基、路面施工，特别是人工构造物的施工实现标准化和工厂化。

6. 特殊路基施工

在特殊路基的施工方面，将充分应用生化技术，最大限度地利用当地材料。

7. 生态环境

各种环保和交通工程设施如声屏墙、减噪路面及绿化工程等的施工技术将被提高到一个新的水平。

二、道路工程施工的依据和程序

(一)道路工程施工的依据

道路工程施工的主要依据是如下：1. 交通运输部现行颁布的施工技术规范、操作规程、试验规程、质量检验评定标准等；2. 工程项目的招标文件(项目专用本)及补遗书；3. 工程项目的设计图纸及参考资料；4. 合同段工程现场考察情况及施工单位现有可投入工程的施工技术力量和机械设备。

(二)道路工程施工的基本程序

施工企业从投标到取得道路工程施工项目一般要经过接受施工任务、开工前的规划组织准备、施工现场条件准备、正式施工和竣工验收等基本程序。

1. 接受施工任务

施工单位获得施工任务通常有三种方式：一是由上级主管单位统一接受

任务,按行政隶属关系安排计划下达;二是经主管部门同意后,对外接受任务;三是自行对外投标,中标后获得任务。随着我国改革开放的深入和社会主义市场经济体制的形成与发展,施工任务将主要以参加竞标的方式,在建筑市场的竞争中获得。

接受工程项目的施工任务时,首先应查证核实该项目是否列入国家计划,是否有批准的可行性研究报告、初步设计(或施工图设计)及概(预)算文件等。国家计划以外的基本建设项目,如三资企业、合资企业、地方自筹资金工程等,亦应有国家主管部门对该项目的批复文件。获得施工任务,从法律角度上讲,是以签订工程合同加以确认的。因此,施工企业接受的工程项目,必须同建设单位签订工程合同,明确双方的经济、技术责任,互相制约,互相促进,共同保证按质、按量、按期完成工程项目的建设任务。合同一经签订,就具有法律效力,双方都应认真履行。

工程合同的内容应包括简要说明、工程概况、承包方式、工程质量、开(竣)工日期、工程造价、物资供应与管理、工程拨款与结算办法、违约责任、奖惩条款及双方的配合协作关系等。由于工程合同的内容涉及工程经营管理的各个方面,所以要求合同条款既要遵守有关法规要求,又要符合工程实际情况;既要防止合同条款表述含糊不清,以免引起不必要的争执,又要用词准确、简明扼要,便于执行和检查。

2.开工前的规划组织准备

施工单位接受施工任务后,即可着手进行施工准备工作。施工单位的施工准备工作千头万绪,涉及面广,必须有计划、按步骤、分阶段地进行,才能在较短的时间内为工程开工创造必要的条件。施工准备工作的基本任务是了解施工的客观条件,根据工程的特点、进度要求,合理安排施工力量,从人力物资、技术和施工组织等方面为工程施工创造一切必要的条件。

开工前的施工准备工作分为战略性的规划组织准备和战术性的现场条件准备两大部分内容。前者是总体的布置,后者是具体的落实。开工前的规划组织准备工作的主要内容如下:

(1)熟悉和核对设计文件

设计文件是工程施工最重要的依据,组织技术人员熟悉和了解设计文件,是为了明确设计者的设计意图,掌握图纸、资料的主要内容及有关的原始资料。此外,从设计到施工通常都要间隔几年时间,勘测设计时的原始自然状况也许会由于各种原因而有所变化,因此必须对设计文件和图纸进行现场核对。其主要内容如下:

第一,各项计划的布置、安排是否符合国家有关方针、政策和规定以及国家的整体布局;设计图纸、技术资料是否齐全,有无错误和相互矛盾。

第二,设计文件所依据的水文气象、地质、岩土等资料是否准确、可靠、齐全。

第三,掌握整个工程的设计内容和技术条件,弄清设计、规模、结构、特点和形式。

第四,核对路线中线、主要控制点、转角点、水准点、三角点、基线等是否准确无误;重点地段的路基横断面是否合理;重要构造物的位置、结构形式、尺寸大小、孔径等是否恰当;能否采用更先进的技术或使用新材料。

第五,路线或构造物与农用、水利、航道、公路、铁路、电信等管道及其他建筑物的互相干扰情况及其解决办法是否恰当,干扰可否避免,特别要注意解决好发生在历史文物纪念地、民族特殊习惯区域等的干扰问题。

第六,对地质不良地段采取的处理措施是否先进合理,对防止水土流失和保护环境采取的措施是否恰当、有效。

第七,施工方法、料场分布、运输工具、道路条件等是否符合工程现场实际情况。

第八,临时便桥、便道、房屋、电力设施、电信设施、供水、场地布置等是否恰当。

第九,各项纪要、协议等文件是否齐全、完善。

第十,明确建设期限,包括分期、分批施工的工程期限要求。

现场核对时,如发现设计有错误或不合理之处,应提出修改意见报上级机关审批,待核准批复后进行现场测量、修改设计、补充图纸等工作。

(2)补充调查资料

进行现场补充调查,是为优化和修改设计、编制实施性施工组织设计、因地制宜地布置施工场地等收集资料。调查的内容主要有:工程地点的地形、地质、水文、气候条件,自采加工材料场储量、地方生产材料情况、施工期间可供利用的房屋数量,当地劳动力资源、工业生产加工能力、运输条件和运输工具，施工场地的水源、水质、电源以及生活物资供应状况，当地民俗风情、生活习惯等。

(3)组织先遣人员进场

道路施工需要调用大量人工、材料和机具，施工先遣人员的任务就是结合施工现场的实际情况，具体落实施工队伍进入工地后在生产、生活、环境等方面必须解决的问题。对施工中涉及其他部门的问题，做好联系、协调工作，签订相应的会谈纪要、协议书或合同。同时还要及时与当地政府部门取得联系，积极争取地方政府对工程施工的支持。

(4)编制实施性施工组织设计和施工预算

实施性施工组织设计是指导施工的重要技术文件。道路施工系野外作业，又是线性工程，各地自然地理状况和施工条件差异很大，不可能采用一种定型的、一成不变的施工方案和施工方法，每项工程的施工都需要通过深入细致的工作，分别确定施工方案和施工组织方法，因此必须认真做好实施性施工组织设计，并编制相应的施工预算。

3.施工现场条件准备

经过现场核对后，依据设计文件和实施性施工组织设计，认真做好施工现场的准备工作，其主要内容如下：

(1)征地及拆迁

划定工程建设用地，开始征用土地，拆迁房屋、电信及管线设施等各种障碍物。施工临时用地，亦应同时办理。

(2)技术准备工作

进行施工测量，平整场地，做好施工放样，布置施工场地，建立工地实验室，进行各种建筑材料试验和土质试验，为施工提供可靠数据；落实各工点的施工方案以及相应的供水、供电设施；各种施工物资的调查与准备，包括建筑材料、机具设备、工具等的货源安排，进场后的堆放、入库、保管及安全工作等。

(3)建立临时生活、生产设施

修建便道、便桥，搭盖工棚；选址修建预制场、机修厂、路面混合料拌和基地、水泥混凝土搅拌站等大型临时设施；临时供电、供水、供热及通信设备的安装、架设与试运行。

(4)人员、机具、材料陆续进场

施工准备工作基本就绪后,即可组建施工机构,集结施工队伍,运送材料、机具。当施工队伍进场后,应及时做好开工前的思想动员、技术学习和安全教育工作。机具、物资进场后要按计划存放和妥善保管。

(5)提交开工报告

上述各项具体准备工作完成后,即可向建设单位或施工监理部门提交开工报告。开工报告必须按规定的格式编写,并在上级要求或工程合同规定的最后日期之前提交。

4.正式施工

在施工准备工作完成、提交开工报告之后,才能按批准的日期开始正式施工。施工应严格按照设计图纸进行,如需要变更,必须事先按规定程序报经建设单位或监理工程师批准。要按照施工组织设计确定的施工方法、施工顺序及进度要求进行施工。各分项工程,特别是地下工程和隐蔽工程,要逐道工序检查合格,做好施工原始记录,才能进行下一道工序的施工。施工要严格按照设计要求和施工技术规范、验收规程进行,保证质量,安全操作,不留隐患,发现问题,及时解决。

对大、中型工程建设项目,必须严格执行施工监理制度,按监理的规定或要求实行进度控制、质量控制和费用控制。为确保工程质量,加强施工管理,组织施工时应有以下基本文件:设计图纸、资料,施工规范和技术操作规程,各种定额,施工图预算,施工组织设计,工程质量检验评定标准和施工验收规范,施工安全操作规程,文明施工及环境保护措施等。

道路工程施工是一项复杂的系统工程,必须科学合理地组织,建立正常、文明的施工秩序,有效地使用劳动力、材料、机具、设备、资金等。施工方案要因地制宜、结合实际,施工方法要先进合理、切实可行。施工中既要注意工程质量和施工进度,又要注意保护环境、安全生产,确保优质、高效、低耗、安全地全面完成施工计划任务。

5.竣工验收

道路基本建设项目的竣工验收是全面考核道路设计成果,检验设计和施工质量的重要环节。做好竣工验收工作,对于确保工程质量,保证工程及时投入使用,发挥投资效益,总结建设经验,提高建设质量和管理水平都有着重要的作用。道路施工单位在竣工验收阶段应做好以下几项工作：

(1)竣工验收准备

工程项目按设计的要求建成后，施工单位应自行初验，即交工验收。初验时，要进行竣工测量，编制竣工图表；认真检查各分部工程，发现有不符合设计要求和验收标准之处应及时修改；整理好原始记录、工程变更设计记录、材料试验记录等施工资料；提交初验报告，按投资隶属关系上报或送达监理单位。

初验报告一般包括如下内容：①初验工作的组织情况；②工程概况及竣工工程数量；③各单项工程检查情况和工程质量情况；④检查中发现的重大质量问题及处理意见；⑤遗留问题的处理意见和提交竣工验收时讨论的问题。

(2)竣工验收工作

施工单位所承担的工程全部完成后，经初验符合设计要求并具备相应的施工文件资料，应及时报请上级主管单位或业主组织竣工验收。

根据建设项目的规模大小，分别由住建部或交通运输部，或省、直辖市、自治区以及交通主管部门组织验收。参加竣工验收的人员，应包括设计、施工、监理、养护、建设单位代表和银行、当地有关部门代表以及特邀专家。

竣工验收的具体工作，由验收委员会负责完成。验收委员会在听取施工单位的施工情况和初验情况汇报并审查各项施工资料之后，采取全面检查、重点复查的办法进行验收。对初验时有争议的工程及确定返工或补做的工程、大桥、隧道和大型构造物，应全面检查和复测。对高填、深挖、急弯、陡坡路段，应重点抽查。小桥涵及一般构造物、一般路段路基及路面、排水及安全设施等，可采取随机抽查的方式进行检查。检查过程中，必要时可采用挖探、取样试验等手段。

验收工作以设计文件为依据，按照国家有关规定，分析检查结果，评定工程质量等级，形成竣工验收鉴定书，并经监理工程师签认。对需要返工的工程，应查明原因，提出处理意见，由施工单位负责按期修竣。

(3)技术总结

竣工验收通过后，施工单位应认真做好工程施工的技术总结，以利于不断提高施工技术水平和管理水平，吸取经验教训，促进企业的发展。对于施工中采用的新技术和重大技术革新项目,以及施工组织、技术管理、工程质量、安全工作等方面的成绩,应进行专题总结。

(4)建立技术档案

技术档案包括设计文件、施工图表、原始记录、竣工文件、验收资料、专题施工技术总结等。这些文件在工程竣工验收后由施工单位汇集整理、装订成册并按管理等级建档保存。保密工程的图纸资料,按有关保密制度办理。

我国道路工程施工的历史悠久,道路工程建设事业蓬勃发展,道路施工技术水平有了较快的提高;道路工程施工有其自身的规律和特点。道路工程施工项目要经过接受施工任务、开工前的规划组织准备、施工现场条件准备、正式施工和竣工验收等基本程序。

第二节 桥梁建筑基础组成

桥梁工程建设一般需经过规划、勘察、设计和施工等阶段。施工阶段的主要任务是:具体实现桥梁设计思想和设计意图,将图纸上的内容变为实际能够满足功能要求的工程结构物。桥梁施工包括桥梁基础施工和上部结构施工。基础的分类有扩大基础、桩基础、沉井基础、地下连续墙基础和组合基础。桥梁上部结构的施工方法有膺架浇筑法、预制安装法、悬臂施工法、转体施工法、顶推施工法、逐孔施工法等。各种施工方法的选择应根据工程类型以及工程条件等多方面因素确定。

一、桥梁的组成和分类

(一)桥梁的组成

一般来说,桥梁由四个基本部分组成,即上部结构、下部结构、支座和附属设施。

1.上部结构

上部结构也称桥跨结构,是在线路中断时跨越障碍的主要承重结构。通常直接承受桥上的荷载。桥梁跨越幅度越大,桥上车辆荷载越大,则桥跨结构越复杂,施工也越困难。

（1）主体大梁

主体大梁是承重桥上载荷的主要构件，常由许多根梁组成（拱桥是拱圈，吊桥则是主缆索），这些梁沿桥的纵向（行车方向）首尾相接，沿桥的横向（河水流向）依次排列，共同组成主体大梁。为了使各梁之间连接坚固，用多种横梁、系杆、盖板等，使纵横两个方向互相联系结成整体。

（2）桥面部分

大多数桥面是铺筑在主体大梁之上的，通常设有中央车道和两侧的人行道以及栏杆、栏板等。

2. 下部结构

下部结构是由桥墩、桥台和基础组成的。桥墩和桥台是支撑上部结构并将其恒载和车辆等荷载传至基础的结构物。

一座桥梁的桥台只有两个，设在桥梁的两端；而桥墩可以不设或在两桥台之间设一个或数个。桥墩两侧均为桥跨结构，而桥台一侧为桥跨结构，另一侧为路堤。桥台除支撑桥跨结构外，还起到衔接桥梁与路堤的作用，并抵御路堤的土压力，防止其滑坡坍落。桥梁墩台底部与地基相接触的结构部分称为墩台基础。墩台基础是桥梁结构的根基，对桥梁结构的使用安全起着举足轻重的作用。这部分是桥梁施工中最复杂、难度最大的环节之一。大量事实证明，许多桥梁的毁坏都是由墩合基础的强度或稳定性出现问题引起的。

3. 支座

一座桥梁中在桥跨结构与桥墩或桥合的支撑处所设置的传力装置，称为支座。支座设在墩台顶，它不仅要传递很大的荷载，并且要保证桥跨结构能根据受力需要产生一定的变位。支座一般多用于梁式桥，在拱桥、刚架桥等形式桥梁中使用较少。目前，桥梁支座大致分为简易垫层支座、钢支座、钢筋混凝土支座、橡胶支座及特种支座等，应根据桥梁的用途、跨径、结构物的高度等因素，视具体情况选用。

4. 附属设施

附属设施主要包括：桥面铺装、伸缩装置、排水与防水系统、灯光照明、栏杆（或防撞护栏）等几部分。

桥面铺装或称行车道铺装：桥面铺装的平整性、耐磨性、不翘壳、不渗水是保证行车舒适的关键。特别在钢箱梁上铺设沥青路面的技术要求更加严格。

伸缩装置：在桥跨上部结构之间，或桥跨上部结构与桥台端墙之间，设有缝隙保证结构在各种因素作用下的变位。为使桥面上行驶顺直，无不适晃动，此缝隙间要设置伸缩装置，特别是大桥或城市桥的伸缩装置，不但要结构牢固，外观光洁，而且需要经常消除渗入伸缩装置中的垃圾泥土，以保证它的功能作用。①

排水与防水系统：应迅速排除桥面上积水，并使渗水降低至最低限度。此外，城市桥梁排水系统应保证桥下无滴水和结构上无漏水。对于非冰冻地区的桥梁需做适当的防水时，可在桥面板上铺筑 8～10 cm 厚的防水混凝土作为铺装层，防水要求高时，往往采用柔性贴纸或涂料防水层。

灯光照明：现代城市中，桥梁需安装灯光照明。

栏杆（或防撞护栏）：它既是保证安全的构造措施，也是有利于观赏的装饰件。

桥梁附属设施在桥梁建设中往往得不到重视，因而桥梁服务功能低、外观粗糙、影响美观，对桥梁结构也带来不利影响。随着人们生活水平的提高，人们对桥梁行车的舒适性和结构物的观赏水平要求越来越高。因而，桥梁设计和施工中要特别重视这些附属设施，这不但是外观包装，而且是服务功能的大问题。

（二）桥梁的分类

1.按结构类型划分

桥梁按用途分类，可分为公路桥、城市桥、铁路桥、公铁两用桥、人行桥，以及管道桥、水路桥、机场跑道桥等。

公铁桥与城市桥均以通行汽车为主。与专供铁路列车行驶的铁路桥相比，荷载相对较轻，桥的宽度相对较大（其中城市桥的宽度相对较宽）。

公铁两用桥是指能同时承受公路与铁路荷载的桥梁，一般规模较大。它可做成双层桥面桥，也可做成同一平面的。

人行桥是指专供行人通行的桥梁，荷载较小，桥面较窄，结构造型较灵活，对美学要求较高，总造价不高，因此常采用一些造型独特、新颖的结构。

①马光述，李莹．桥梁工程[M]．武汉：武汉大学出版社，2018.

2. 按桥梁的受力体系划分

按桥梁的受力体系，可以划分为梁式桥、拱桥、刚架桥、吊桥和组合体系桥等。

(1)梁式桥

梁式桥包括梁桥和板桥，主要承重构件是梁(板)，在竖向荷载作用下承受弯矩而无水平推力，墩台也仅承受竖向压力。

实腹式和空腹式是梁式桥体系的两种形式，实腹式梁的截面形式多为T形、工字形和箱形等；空腹式梁指主要由拉杆、压杆、拉压杆以及连接件组成的桁架式桥跨结构。

(2)拱式桥

拱式桥的主要承重结构是主拱圈或拱肋(拱圈横截面设计成分离形式时称为拱肋)，在竖向荷载作用下，桥墩和桥台将承受水平推力。同时，墩台向拱圈或拱肋提供水平反力，这将大大抵消在拱圈或拱肋中由荷载引起的弯矩。

因此，与同跨径的梁式桥相比，拱桥的弯矩、剪力和变形却要小得多，拱圈或拱肋以受压为主。拱桥对墩台有水平推力，结构以受压为主，这是拱桥的主要受力特点。因此，通常可采用抗压能力强的圬工材料(如砖、石、混凝土等)和钢筋混凝土建筑。但应当注意，由于拱桥往往有较大的水平推力，为了确保拱桥安全，下部结构(特别是桥台)和地基必须有承受很大水平推力的能力，一般选择地质条件较好的地域修建拱桥。

当然，在地质条件不适合修建具有很大水平推力拱桥的情况下，也可采用无水平推力的系杆拱桥，其水平推力由系杆承受，系杆可由预应力混凝土、钢等制成。

另外，也可修建近年发展起来的水平推力很小的“飞雁式”三跨自锚式系杆拱桥，即在边跨两端施加强大的水平预加力，通过边跨拱传至拱脚，以抵消主跨拱脚处的水平推力。拱桥不仅跨越能力大且外形也较美观，在条件允许的情况下，修建拱桥往往是经济合理的。

(3)刚架桥

刚架桥也称刚构桥，是上部结构和下部结构连成整体的框架结构。根据基础连接条件不同，刚架桥分为有铰和无铰两种。刚架桥结构是超静定体系，在垂直荷载作用下，框架底部除了产生垂直反力外，还产生力矩和水平反力。

常见的刚架桥有门式刚架桥、T形刚架桥、连续刚架桥和斜腿刚架桥等。

门式刚架桥，简称门架桥，其腿和梁垂直相交呈门架形。腿所受的弯矩将随腿和梁的刚度比率的提高而增大。用钢或钢筋混凝土制造的门架桥，多用于跨线桥。至于T形刚架桥(特点是在跨中有铰)及连续刚架桥，其外形与多跨的门架桥相近，但内力分布规则不同。

斜腿刚架桥的钢架腿是斜置的，两腿和梁中部的轴线大致呈拱形，腿和梁所受的弯矩比同跨度的门式刚架桥显著减小，而轴向压力有所增加，同上承式拱桥相比，这种桥不需要拱上结构，构件数目较少，当桥面较窄(单线铁路桥)而跨度较大时，可将其斜腿在桥的横向放坡，以保证桥的横向稳定。

(4)悬索桥

悬索桥也称为吊桥。悬索桥是指以主缆索受拉为主要承重构件的桥梁结构，其构造包括基础、桥塔、锚碇、主缆索、吊索、加劲梁及桥面结构等。设计桥梁时，当桥梁跨径在600 m及以上时，总是首选悬索桥这一经典桥型。

以高强钢丝作为主要承拉结构的悬索桥具有跨越能力大、受力合理、最能发挥材料强度优势和造价经济等特点。同时，还以其整体造型流畅美观和施工安全快捷等优势备受推崇。桥跨上的荷载由加劲梁承受，并通过吊索将其传至缆索。主缆索的拉力通过对桥塔的压力和锚碇结构的拉力传至基础和地基。这种桥型充分发挥了高强钢缆的抗拉性能，使其结构自重较轻，能以较小的建筑高度，跨越其他任何桥型都无法比拟的特大跨度。

然而，相对于上述其他体系而言，悬索桥的自重轻、结构刚度较差，在车辆动荷载作用下会产生较大的变形。例如，跨度100 m的悬索桥，在车辆动荷载作用下，区域的最大挠度可达3 m。另外，悬索桥在风荷载作用下导致的振动以及稳定性的问题，在设计和施工中也要给予高度重视。

(5)斜拉桥

斜拉桥是由承压的塔、受拉的索与受压弯的梁体组合起来的一种结构体系。主要承重的主梁，由于斜拉索将主梁吊住，使主梁变成多支点弹性支撑连续梁工作，并承受斜拉索水平分力施加的压力，因此减小了主梁截面，桥梁具有很大的跨越能力。

斜拉桥概念起源于19世纪,受材料与技术水平限制,建成不久即被淘汰。直到20世纪中期,出现了高强钢丝、正交异型钢板梁,计算机在结构分析中广泛应用,斜拉桥又蓬勃发展起来。斜拉桥刚度大、造价低,很快在世界范围得到推广。

斜拉桥是一种自锚体系,与悬索桥相比,它不需要昂贵的锚碇防腐技术,要求比吊桥低,从而降低索的防腐费用;斜拉桥刚度比悬索桥好,抗风能力也比吊桥好;斜拉桥施工可用悬臂施工工艺,施工不妨碍通航;钢材用量比悬索桥少。

二、桥梁工程的施工特点

(一)施工生产组织协作较为复杂

桥梁工程施工涉及工程力学、地基基础、工程地质、水文水力学、土力学、工程材料、工程机械设备、施工组织管理等学科的专业知识。施工涉及面较广,需要在不同时期、不同地点上组织多专业、多工种的综合作业。此外,桥梁工程施工还涉及不同种类的专业施工队伍,以及规划与征用土地、勘察设计五通一平、科研试验、质量监督、交通运输、电水热供应、劳务等社会各领域的外部协作配合,使得桥梁工程施工生产的组织协作关系错综复杂。

(二)施工周期长、占用流动资金多

桥梁工程的建造要消耗大量的人力、物力和财力,施工过程中还要受到工艺流程和生产程序的制约,所以各专业、各工种间必须按照合理的施工顺序进行配合和衔接。而建造地点的固定性,又使得施工活动的空间具有一定的局限性,从而导致桥梁施工具有生产周期长、占用流动资金多的特点。

(三)露天作业和高空作业多

桥梁工程的地点固定性和体形庞大的特征,决定了其施工具有露天作业和高空作业多的特点。随着社会和经济的发展以及现代化交通运输的需要,各种大型、特大型桥梁的施工任务越来越多,使得桥梁工程高空作业的特点日益明显。

(四)桥梁工程施工单一

对于一座具体的桥梁,往往是在统一规划内,根据它的实用功能,在选定

的地点进行单独设计和单独施工。由于桥梁所在地区的自然、技术和经济条件不同，即便在设计中选用标准设计的通用构件，其建筑材料、施工方法和施工组织等也要因地制宜加以修改，以适应桥梁建设的需要。因此，桥梁工程的施工具有单一性。

（五）流动性、地域性

桥梁工程施工生产不同于一般的工业生产：前者由于建造地的不同，其施工是在不同地区，或同一地区的不同现场，或同一现场的不同单位工程，或同一单位工程的不同部位进行的。因此，其生产是在地区之间、现场之间和部位之间流动，而后者都是在固定工厂、车间内进行生产。桥梁工程施工受地区条件的影响，其结构、构造、造型、材料和施工方案等方面均不同，具有地域性。

三、桥梁工程施工常备式结构与主要机具设备

（一）桥梁工程施工常备式结构

1.脚手架

脚手架是桥梁工程施工作业中不可缺少的手段和设备工具，是为施工现场工作人员生产和堆放部分建筑材料所提供的操作平台，它既要满足施工需要，又要为保证工程质量和提高工作效率创造条件。其主要作用有以下几个方面：要保证工程作业面的连续性施工；能满足施工操作所需要的运料和堆料要求，并方便操作；对高处作业人员能起到防护作用，以确保施工人员的人身安全；操作不影响工效和工程质量；能满足多层作业、交叉作业、流水作业和多工种之间配合作业的要求。

脚手架一般可分为以下种类：扣件式钢管脚手架、碗扣式钢管脚手架、门式钢管脚手架以及其他连接形式钢管脚手架。

2.拼装式常备模板

常用的模板一般有钢模、木模和钢木结合模板。各种模板结构基本相同，通常由底模、侧模和端模三部分组成。常备拼装式模板主要为钢模板，按照模板块件的大小可分为小钢模和整体式钢模。小钢模主要用在对表面质量要求不高的施工位置，优点是造价低。整体式模板常用于桥梁预制工厂的

一些标准定型构件的生产，是预制工厂的常备式结构。目前，为提高混凝土的表面质量，墩台结构中也大量采用整体式钢模板。

3. 万能杆件

钢制万能杆件可以组拼成桁架、墩架、塔架和龙门架等形式，作为桥梁墩台或索塔的施工脚手架，必要时还可以作为临时桥梁墩台或桁架。万能杆件拆装容易、运输方便、利用率高，可大量节省辅助结构所需的木料、劳动力和工期，适用范围较广。

目前，我国使用的万能杆件有铁道部门生产的甲型(M型)、乙型(NH型)和西安筑路机械厂生产的乙型(西乙型)。三者在结构、拼装形式上基本相同，仅弦杆角铁尺寸、部分缀板的大小和螺栓直径稍有差异。万能杆件以边长为2 m的正方形为基本单元，可以扩展成各种形式的结构物，因此杆件的理论长度总以2 m的倍数或2 m边长正方形对角线长度来确定。用万能杆件组拼成桁架时，其高度可为2 m、4 m、6 m及以上。

当高度为2 m时，腹杆为三角形；当高度为4 m时，腹杆为菱形；高度超过5 m时，则可做成多斜杆的形式。用万能杆件组拼成墩架、塔架时，其柱与柱之间的距离可以和桁架完全一样，按2 m一节变更。

4. 贝雷(贝雷梁)

贝雷是一种由桁架拼装而成的钢桁架结构。贝雷常拼成导梁作为承载移动支架，再配置部分起重设备与移动机具来实现架梁。贝雷主要构件有：桁架、加强弦杆、横梁、桁架销、螺栓、支撑构件等。

(二)桥梁工程常用机具设备

1. 扒杆

扒杆是一种简单的起重吊装工具，一般由施工单位根据工程的需要自行设计和加工制作。扒杆可以用来升降重物、移动和架设简支梁等。常用的扒杆种类有：独脚扒杆、人字扒杆、摇臂扒杆和悬臂扒杆等。扒杆与一些简易机械配套，可组成各种轻型起吊机。

2. 龙门架

龙门架是一种最常用的垂直起吊设备。在龙门架顶横梁上设行车，可横向运输重物、构件；在龙门架两脚下设有缘滚轮并置于铁轨上，可在轨道上纵向运输；如在两脚下设能转向的滚轮，可进行任何方向的水平运输。

龙门架通常设于构件预制场吊移构件，或设在桥墩顶、墩旁安装大梁构件。常用龙门架种类有钢木混合构造龙门架、拐脚龙门架和装配式钢桥桁架（贝雷架）拼装龙门架。除了利用贝雷架、军用梁或万能杆件拼装成的装配式龙架以外，还有专用龙门吊。这种龙门吊一般采用三角桁架或箱梁作为主要承载受力构件（如主横梁）。构件间采用销轴和螺栓连接，也易于拆装、运输、转移。

3.缆索起重机

缆索起重机适用于高差较大的垂直吊装和架空纵向运输，吊运量在几吨至几十吨范围内变化，纵向运距从几十米至几百米。它由主索、循环索、起重索、起重小车、地锚、塔架、风缆、平衡重、电动卷扬机及各种滑轮等部件组成。在吊装拱桥时，缆索吊装系统除了上述各部件外，还有扣索、扣索排架、扣索地锚、扣索绞车等部件。

4.浮吊船

浮吊船是在通航河流上建桥的重要工作船。常用的浮吊有铁驳轮船浮吊和用木船、型钢及人字扒杆等拼成的简易浮吊。我国目前使用的最大浮吊船起重量已达500 t。通常简易浮吊可以利用两只民用木船组拼成门船，用木料加固底舱，舱面上安装型钢组成底板构架，上铺木板，其上安装人字扒杆制成。

起重动力可使用双筒电动卷扬机，安装在门船后部中线上。制作人字扒杆的材料可用钢管或圆木，并用两根钢丝绳分别固定在民船尾端两舷旁的钢构件上，吊物平面位置的变动由门船移动来调节。另外，还需配备电动卷扬机绞车、钢丝绳、锚链、铁锚用于移动及固定船位。

5.架桥机

架桥机是架设预制梁（构件）的专用设备。铁路常用32 m以下、公路常用50 m以下的混凝土简支T梁，通常采用预制安装法施工，为此需要专用架桥机。如今，大型预制箱梁也经常采用架桥机架设。不同型号的架桥机结构特点、功能及架梁工序有所不同。

目前，新型的可架设多片简支T梁的公路架桥机，在架梁方面一般都具有如下特点：自行过孔；可实现一次落边梁到位，全幅机械化横移梁片；采用微调控制，动作平稳精确；采用可编程序控制器，系统安全性高；结构简单、重量轻、运输组装方便;摆头灵活,便于在复杂工况如直桥、斜桥、小曲线桥下工作。

四、道路桥梁工程施工技术的发展趋势

(一)在施工方案的拟订和选择方面

在施工方案的拟订和选择过程中,应充分利用电子计算机及其他现代化先进手段,综合考虑材料、机具、工期、造价等因素进行方案优化,以获取最大的经济效益与社会效益。

(二)在施工工艺方面

在道路施工过程中,土方石的综合爆破,稳定(加固)土,旧有沥青及水泥混凝土再生,工业废料筑路及水泥、沥青、土壤外加(改性)剂等工艺将有突破性进展。

在钢桥制造方面,国外已较普遍应用电子计算机放样、画线和管理,采用数控坐标精密切割代替刨铣机械加工,采用光电跟踪焊接技术等。

在桥跨结构施工与架设过程中,我国关于平衡悬臂施工法、顶推法、转体法等技术,已经积累了非常多的经验,逐渐接近世界领先水平。但预制节段逐跨拼装法施工技术与一些发达国家相比,还存在一定差距。因此,研制大型吊装机具、设备,采用逐段逐孔的预制安装技术,将是我国桥梁施工技术未来的发展方向。

(三)在施工检测技术方面

在施工检测技术方面,未来将广泛使用自动连续量测动、静两种荷载作用下的路基、路面弯沉仪和曲率半径仪;研究使用冲击波、超声波测定道路结构的强度和弹性模量,并研究使用雷达波、同位素方法等测定密实度和厚度,以及使用电脑自动连续量测路面抗滑性能和平整度的仪器等。

第二章 公路路基施工

第一节 施工准备

路基施工需要消耗大量的人工、物资、机械和时间等资源，是一项历时长、技术要求高的工作。路基施工前，必须根据工程的实际情况做好组织准备、技术准备、物资准备等工作，使各项施工活动能正常进行。在施工过程中，所有的施工活动都必须严格按有关施工规范进行，以确保工程质量，最后得到质量优良的路基实体。

一、组织准备

开工前的组织准备工作主要是建立健全工程管理机构和施工队伍，明确各自的施工任务，制定施工过程中必要的规章制度，确定工程应达到的目标等，组织准备是其他准备工作的开始。

二、技术准备

路基施工前的技术准备包括制定施工组织计划、施工测量、施工前的复查与试验及清理施工现场等工作。对于高速公路和一级公路或采用新技术、新工艺及新材料的其他等级公路，除做好上述准备工作外，还应在大规模施工前进行填筑试验，为正式施工提供技术指标。

（一）熟悉设计文件

主要是领会文件精神，注意设计文件中所采用的各项技术指标，考虑其技术经济的合理性和施工的可能性。在熟悉文件的过程中，应进行现场核对，如发现问题、错误和与实际不符之处，应按照有关规定及时向监理或设计代表等有关部门提出，及时得到确认，或进行相应的变更。

(二)编制施工方案,制定施工组织计划

制定路基施工的实施性施工组织计划,是路基施工前非常重要的技术准备工作。施工单位应根据设计文件、工程条件、工程量、施工难易程度以及设备、人员、材料供应情况和工期要求等认真编制。所编制的施工组织计划应针对工程实际,科学合理、易于操作,有利于保证工程质量、工程进度、工程投资和工程安全,使路基施工能连续、均衡地进行。

(三)技术交底

技术交底是把设计对施工的要求、施工方案及措施传达到基层甚至每个工人,这是落实技术责任制的前提。施工前,参加施工的技术人员要进行施工技术和操作规程的技术交底工作。

(四)施工测量

开工前应做好施工测量工作,内容包括导线、中线、水准点复测,检查与补测横断面,校对和增加水准点等工作。施工人员还应对路基工程范围内的地质、水文情况进行详细调查,通过取样、试验确定其性质和范围,并了解附近现有建筑及对特殊土的处理方法。

(五)施工前的复查与试验

路基施工前,施工技术人员应对路基施工范围内的地质、地形、水文情况进行详细调查。根据设计文件提供的资料,对取自挖方、借土场、料场的路基填料进行复查和取样试验,用作填料的土应按土工试验规程测定其物理、力学等性质,以试验结果作为判定可否应用的依据。若使用新材料(如工业废料等)填筑路基,除对相应指标进行试验外,还应进行环境保护分析并提出报告,经批准后方可使用。

(六)铺筑试验路

高速公路和一级公路、特殊地区公路或采用新技术、新工艺、新材料的路基,在正式施工前,应采取不同的施工方案和施工方法,铺筑试验路并进行相关试验分析,从中选出最佳施工方案和施工方法以指导大面积路基施工。所铺筑的试验路应具有代表性,施工机械和工艺过程要与以后全面施工时相同。通过试验路铺筑可确定不同压实机械以及各种填料的最佳含水量、适当

的铺筑厚度及相应的碾压遍数、最佳的机械配置和施工组织方法等。

三、物资准备

路基施工要消耗大量的人工、材料和机具，所以开工前应进行所需材料的购进、采集、加工、搬运和储备等工作。同时要检修或购置施工机械，做好施工人员的生活、后勤保障准备，正所谓“兵马未动，粮草先行”。物资准备主要包括：施工临时设施准备、材料准备、施工机械设备准备、实验设备准备等，是路基施工组织的重要组成部分。

四、场地准备

路基施工前应先办好有关土地的征用、占用手续，依法使用土地。路基范围内的既有建筑物、道路、沟渠、通信及电力设施等，施工单位应协同有关部门事先拆除或迁建。对路基附近的危险建筑物应进行适当加固，对文物古迹应妥善保护。

五、临时设施

为了维护施工期间的场内外交通，必须在开工前修筑临时道路，并应保持行驶安全。在施工过程中，如需阻断原有道路时，应事先设置便道、便桥和必要的行车标志，以保证交通不受阻碍。此外，为保证筑路员工的生活、物资器材的存放以及室内加工作业，要修建临时的房屋和工棚；为保证工程用水和生活用水的需要，还要修建临时的给排水设施。

第二节　路堤填筑施工

一、基底的处理

基底处理是保证路堤稳定、坚固极为重要的措施。在路堤填筑前进行基底处理，能使路堤填土与原地表土密切结合，增加承载力，避免路堤沿基底发生滑动，防止因草皮、树根腐烂而引起的路堤沉陷，保证路堤填筑的质量，保证路堤具有足够的强度和稳定性。对于一般的基底处理，应按下列规定执行：

第一，基底土密实，且地面横坡不陡于1:10时，经碾压符合要求后，可直接在地面上修筑路堤，但在不填不挖或路堤高度小于1 m的地段，应采用先人工后机械的方法清除树根、草皮等杂物。

第二，地面横坡陡于1∶5时，原地面应挖成台阶，台阶宽度不小于2 m，高度不小于1 m，见图2-1。若地面横坡超过1∶2.5时，外坡脚应进行特殊处理，如修护墙和护脚。

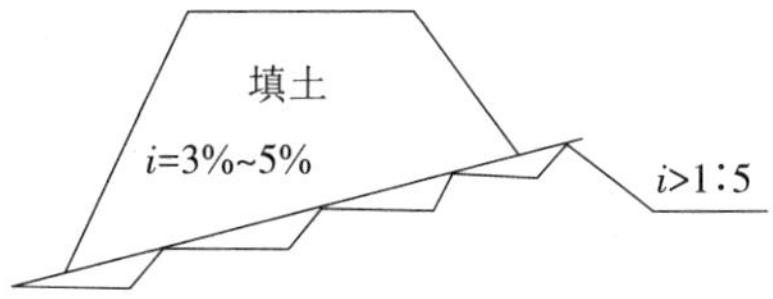

i：坡度系数

图2-1 坡面处理

第三，基底土为腐殖土，必须用人工或机械将其表层土清除换填，厚度视具体情况而定，一般以不小于30 cm为宜，并予以分层压实，压实度应符合规范要求。

第四，路堤修筑范围内，原地面的坑、洞、基穴等，应用原地的土或砂性土回填，并按规定进行压实。

第五，路基受到地下水影响时，应予以拦截或排除，引地下水至路堤基础范围之外。当路基经过水田、池塘或洼地时，应根据具体情况采用排水疏干、挖除淤泥、打砂桩、抛填片石、砂砾石或石灰（水泥）处理土等措施，以保持基底稳固。

路堤表土清理压实工序见图2-2。

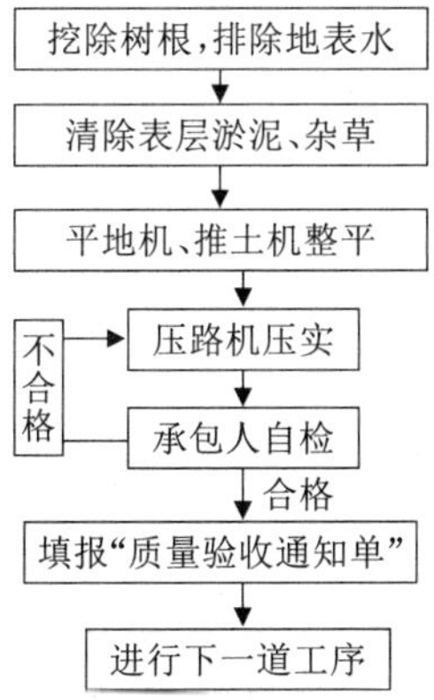

图2-2 表土清理压实工序

二、填筑材料的选择

公路路基的强度和稳定性很大程度上取决于路基填料的性质及其压实的程度。为了保证路堤具有足够的强度、良好的水温稳定性及耐久性，从现有条件出发，选择合理的填筑方法、改进填料要求和压实条件是保证路基质量最有效和经济的方法。

在选择路基的填筑材料时，由于各类用土具有不同的工程性质，应根据不同的土类分别采取不同的工程技术措施，并尽可能地选用稳定性良好，且具有一定强度的土石作为填料。

《公路路基施工技术规范》(JTG/T 3610—2019)有以下规定：

第一，性质不同的填料，应水平分层、分段填筑，分层压实。同一层路基应采用同一种填料，不得混合填筑。每种填料的填筑层压实后的连续厚度宜不小于500 mm。路基上部宜采用水稳性好或冻胀敏感性小的填料。有地下水的路段或浸水路堤，应填筑水稳性好的填料。

第二，在透水性差的压实层上填筑透水性好的填料前，应在其表面设2%～4%的双向横坡，并采取相应的防水措施。不得在透水性好的填料所填筑的路堤边坡上覆盖透水性差的填料。

第三，每种填料的松铺厚度应通过试验确定。

各级公路的路基填方材料的最小强度和最大粒径一般应符合表2-1的要求。

表2-1 路基填方材料最小强度和最大粒径

路面底面以下深度/cm		项目分类	
		填料最小强度(CBR/MPa)	填料最大粒径/cm
路基	上路床(0～30)	8.0	10
	下路床(30～80)	8.0	10
	上路堤(80～150)	8.0	15
	下路堤(150<)	8.0	15
	零填及路堑路底(0～30)	8.0	10

注：表列强度按《公路土工试验规程》(JTG 3430—2020)，对试样浸水96 h用加州承载比(California bearing ratio，下文简称CBR)试验方法测定。

黄土、膨胀土及盐渍土的填料强度,分别按各自的规定办理。

路基填料中最稳定的填料主要有石质土、砂性土和钢渣、粉煤灰等材料,这几类材料摩擦系数大,不易压缩,透水性好,其强度受水的影响很小,是填筑路堤的最佳材料。

一般填土和其他工业废渣,经压实后能够获得足够的强度和稳定性,是较好的、常用的填筑材料。使用时应注意:土中的有机质含量不可超过5%;易溶盐含量不应超标;施工时按规定厚度分层铺设、压实,并控制最佳含水量。

砂土黏结性小,易于松散,对流水冲刷和风蚀的抵抗能力很弱,压实困难,但是经充分压实的砂土路基,则压缩变形小,稳定性好。为了加强压实和提高稳定性,可以用振动法压实,并可适量掺些黏土,以改善级配组成,并应将边坡予以加固,以提高路基的稳固性。

在路基填料中稳定性差的填料主要有高液限黏土、粉质土等,不宜作为公路路基用土。特殊情况下必须调节含水量并掺入适当的外加剂改良后方可使用。

三、路基填筑方式

路基填土是把选定的路基填料运送到路基上,逐层填起进行铺平并碾压密实的过程。路基的填筑方式可分为水平分层填筑法、纵向分层填筑法、横向填筑法和混合填筑法等,见图2–3。

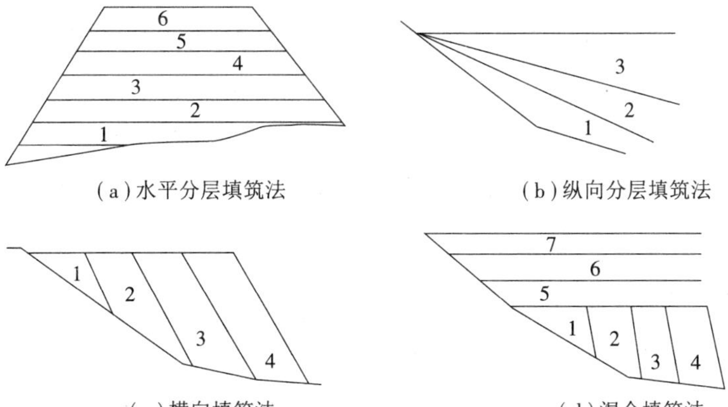

注:数字1、2、3、4、5、6、7代表施工顺序

图2-3 路基填筑方法

（一）水平分层填筑法

水平分层填筑时，按照横断面全宽分成水平层次，逐层向上填筑。如原地面不平，应由最低处分层填起，每填一层经压实合格后再填上一层。此法施工操作方便、安全，压实质量容易保证。

（二）纵向分层填筑法

纵向分层填筑适用于推土机或铲运机从路堑取土填筑运距较短的路堤，依纵坡方向分层、逐层推土填筑并碾压密实。原地面纵坡大于12%的地段常用此法施工。

（三）横向填筑法

横向填筑从路基一端按各横断面的全部高度，逐步推进填筑，适用于无法自下而上、分层填土的陡坡、断岩或泥沼地区。此法不易压实，且还有沉陷不均匀的缺点。为此，应采用必要的技术措施，如选用高效能的压实机械（振动压路机）碾压，采用沉陷量较小的砂性土或废石作填料等。

（四）混合填筑法

混合填筑是当公路路线穿过深谷陡坡，尤其是要求上部的压实度标准较高时，施工时下层采用横向填筑，上层采用水平分层填筑，此种方法称为混合填筑法。

四、路基压实施工

路基压实是保证路基质量的重要环节，路堤、路堑和路堤基底均应进行压实，且技术等级越高的公路对路基的压实要求越严格。

路基压实的作用是提高填料的密实度，减小孔隙率；增强填料颗粒之间的接触面，增大凝聚力或嵌挤力，提高内部摩擦阻力，减少形变，为路基的正常使用提供良好的基础。

（一）土质路基的压实

1.压实原理

土质路基的压实过程，其本质上是土体在压力作用下，克服土颗粒间的内聚力和摩擦力，使原有结构受到破坏，固体颗粒重新排列。大颗粒之间的间隙被小颗粒所填充，变成密实状态，达到新的平衡。在压实过程中，土颗粒重新排列，气体被挤出，表现为土壤的体积被压缩。在这个过程中，变化是由快变缓，最终趋于结束。而达到一定程度后，再进行压实只能引起弹性变形，而压力过大时，则可能使土壤产生剪切破坏影响土体强度。

2. 填土路基压实施工工序

填土路基压实施工工序流程见图2-4。

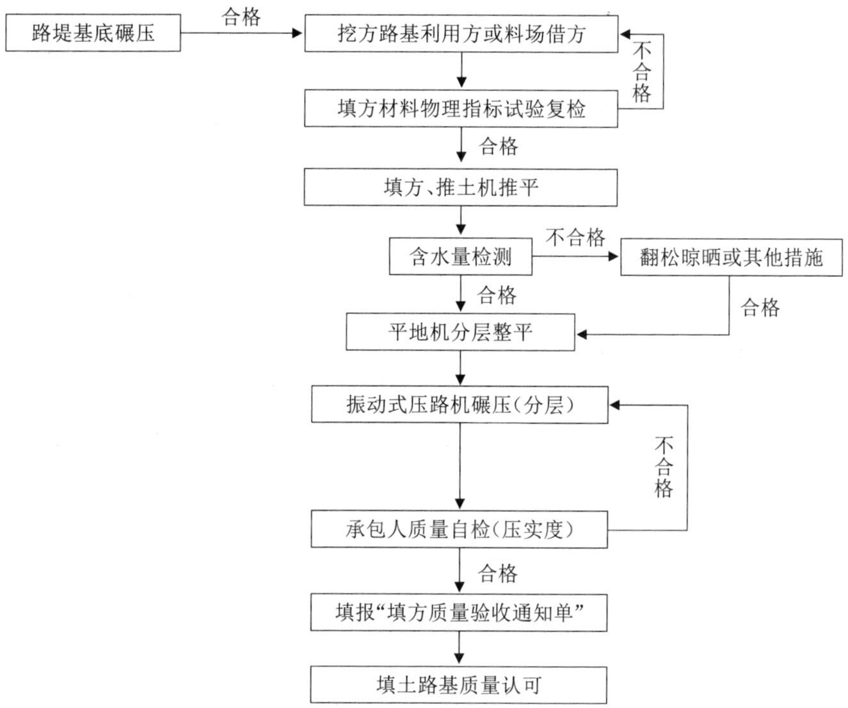

图2-4 填土路基压实施工工序流程

3. 压实标准与碾压控制

(1)压实标准

压实标准包括确定标准干密度的方法和要求的压实度。

路基压实状况通常用压实度来表征。应注意压实度与密实度容易产生概念上的混淆，密实度是指单位体积内固体颗粒排列的紧密程度，即土的固体体积率越大，其干密度也越大，所以有时也用干密度来表示土的密实度，也称理论密实度。压实度是指压实后，土的干密度与标准的最大干密度之比，用百分率表示，亦称干密度系数，或相对密实度。标准的最大干密度是指用标准击实试验方法，在最佳含水量条件下得到的干密度。

关于标准干密度的确定方法，过去沿用的“标准击实试验”是一种轻型击实试验方法，其试验结果与现代化施工机械能力和车辆载荷不相适应，目前推行的主要是与国外公路压实要求相同的重型击实试验法。

重型击实法与轻型击实法最本质的区别在于单位击实功不同。土的最大干密度是土压实的主要指标，与路基的强度和稳定性有密切的关系，一般作为压实质量评价的依据，在路基压实施工中，由于受各种因素的影响和限制（气候、土的天然含水量等），所施工的路基实际干密度不能达到室内重型击实试验求得的最大干密度，但是为了保证压实质量的基本要求，必须规定压实后的土基压实度范围。

(2)路基压实作业的控制与检验

第一，确定不同种类填土的最大干密度和最佳含水量。公路系带状构造物，一条公路往往连绵数万米甚至数十万米，用于填挖路基的沿线土石材料的性质往往发生较大变化。在路基填筑施工之前，必须对主要取土场（包括挖方利用方）采取代表性土样，进行土工试验，用规范规定的方法求得各个土场土样的最大干密度和最佳含水量，以便指导路基的压实施工。

第二，检查控制填土含水量。由于含水量是影响路基——土压实效果的主要因素，故需检测欲填入路基中的土的含水量 w，当 w 接近最佳含水量 w_0 时，填筑碾压的质量才有保证。当 $w > w_0$ 时，表明土中含水量过大，碾压时容易起“弹簧”，应将土晾干或换一些土。当 $w < w_0$ 时，说明土太干，难以达到要求的压实度，应适当洒水再碾压，其加水量按下式计算：

$$m_1=(w_0-w)\frac{m_2}{1+w} \tag{2-1}$$

式中，m_1——所需加水质量，kg；

m_2——需要加水的土的质量，kg；

w——填土原有的含水量，以小数计；

w_0——填土的最佳含水量，以小数计。

(3)正确选择和使用压实机械

压实机械的类型和数量选择是否恰当，直接关系到压实质量和工效。选择时应综合考虑以下几点：

第一，土的性质、状态。不同的压实机械对不同土质的压实效果不同。

如对砂性土，以振动式机械效果最好，夯击式次之，碾压式较差；对黏性土，则以碾压式和夯击式机械较好，而振动式较差甚至无效。同时，压实机械的单位压力不应超过土的强度极限，否则会立即引起土基破坏。选择机械时，还应考虑土的状态及对压实度的要求。一般来说，土的含水量小，压实度要求高，应选择重型机械，反之可选轻型机械。

第二，压实工作面。当工作面较大时，可采用碾压机械；较狭窄时宜用夯击机械。

第三，机械的技术特性与生产率。选择机械类型，确定机械数量，应考虑与其他工序的配合，使机械的生产能力互相适应。

为了能以尽可能小的压实功获得良好的压实效果，在压实机械的使用上应注意以下两点：

第一，压实机械应先轻后重，以便能适应逐渐增长的土基强度。

第二，碾压速度宜先慢后快，以免松土被机械推走，形成不适宜的结构，影响压实质量，尤其是黏性土，高速碾压时，压实效果明显下降。通常压路机进行路基压实作业行驶速度在4 km/h以内为宜。

在路基土的压实中，除了运用不同性能的各种专用压实机械外，还应特别注意尽可能利用其他土方施工机械和运输车辆进行分层压实，有计划、有组织地利用运土车辆碾压填方土料。施工中要注意采用合理的技术措施，一般应控制填土厚度不大于0.25 ~ 0.3 m，并用推土机或平地机细致平土，控制合适的含水量；同时，还要在机械的运行线路上使各次行程能大体均匀分布到填土土层表面，保证土层表面全部被压到。

(4)分层填筑、分层碾压

第一，分层填筑。一方面要把握每层填土厚度的大小，填土层厚度过大，其深部不能获得要求的压实度；填土层厚度过小，会影响工作效率和经济效益。一般认为，对于细粒土，用12 ~ 15 t光轮压路机时，压实厚度不得超过25 cm；用22 ~ 25 t振动压路机时(包括液压振动)，压实厚度不超过60 cm。另一方面，每层填土应平整，应自中线向两边设置2% ~ 4%的横向坡度，且及时碾压，雨季施工时更应注意。

第二，分层碾压。碾压前应对填土层的松铺厚度、平整度和含水量进行检查,符合要求后方可进行碾压。分层碾压的关键是控制碾压遍数。在有条件的情况下,可通过试验性施工来确定达到设计密实度所需的碾压遍数。

在施工中,当含水量为最佳含水量时,还可采用下列经验值:对低黏质土压实所需的碾压遍数平均为4~6遍;对黏质土压实所需的碾压遍数平均为10~12遍。一般压实遍数宜控制在10遍以内,否则应考虑减少填土层厚。经压实度检验合格后方可转入下道工序,不合格处应进行补压后再检验,一直达到合格为止。

(5)加强质量检查

第一,填方地段基底。路堤填筑前应对基底进行压实,高速公路、一级公路和二级公路路堤基底的压实度不应小于85%,当路堤填土高度小于路床厚度(80 cm)时,基底的压实度不宜小于路床的压实度标准。

第二,路堤。每一压实层均应检验压实度,合格后方可填筑其上一层。否则应查明原因,采取措施进行补压。检验频率为每2 000 m^2检验8点,不足2 000 m^2时,至少应检验8点,必要时可根据需要增加检验点,必须每点都符合规定值。

路床顶面压实完成后,还应根据《公路路基设计规范》(JTG D30—2015)进行弯沉值检验。

第三,路堑路床。零填及路堑路床的压实应符合其压实标准的规定。换填超过3 m时,按90%的压实标准控制。

第四,桥涵处填土。桥台背后、涵洞两侧与顶部、锥坡背后的填土均应分层压实,分层检查,检查频率为每50 ㎡检验1点,不足50 ㎡时至少检验1点,每点都应合格,每一压实层松铺厚度不宜超过20 cm。高速公路和一级公路的桥台、涵身背后和涵洞顶部的填土压实度,从填土基底或涵洞顶部至路床顶面均为95%,其他公路为93%,以确保不因密实度不足而产生错台,影响行车速度与安全。

桥涵处填土的压实采用小型的手扶振动夯或手扶振动压路机,但涵顶填土50 cm内的,应采用轻型静载压路机压实,以达到规定的压实度为准。

（二）填石路堤、土石混填路堤及高填方路堤的压实

1. 填石路堤

（1）填料要求

填石路堤的石料来源主要是路堑和隧道爆破后的石料，要求石料强度不低于 15 MPa（用于护坡石料强度不低于 20 MPa），最大粒径不宜超过层厚的 2/3。在高速公路及一级公路填石路堤路床顶面以下 50 cm 范围内，填料最大粒径不得大于 10 cm；其他等级公路填石路堤，路床顶面以下 30 cm 范围内，填料最大粒径不应大于 15 cm。

（2）填筑方法

填石路堤的填筑方法有：倾填（含抛填）和分层填筑、分层压实两种。

倾填法又可分为两种情况：一种是石块从岩面爆破后直接散落在准备填筑的路堤内；另一种是用推土机或自卸汽车将石块移入路堤。填石路堤倾填前，路堤坡脚应用粒径大于 30 cm 的硬质石料码砌，码砌厚度为 1 ~ 2 m。高速公路、一级公路和铺设高等级路面的其他等级公路的填石路堤不宜采用倾填法施工，而应采用分层填筑、分层压实的方法。

分层填筑、分层压实法又可分为机械作业和人工作业两种方法。第一，机械作业分层施工时，高速公路及一级公路分层松铺厚度不宜大于 30 cm，其他公路不宜大于 50 cm。施工中应安排好石料运行路线，由专人指挥，按水平分层，先低后高、先两侧后中央的顺序卸料，并用大型推土机推平，个别不平处应配合人工用细石块、石屑找平。如果石块级配差，粒径较大，填层较厚，石块间的间隙较大时，可向每层表面的空隙里扫入石渣、石屑、中砂、粗砂，再以压力水将砂冲入下部，反复数次，使空隙填满。第二，人工摊铺、填筑填石路堤，当填铺粒径 25 cm 以上石料时，应先填铺大块石料，大面向下，小面向上，摆平放稳，再用小石块找平，以石屑塞填，最后压实；填铺粒径 25 cm 以下石料时，可直接分层摊铺，分层压实。

（3）压实标准

填石路堤不能用土质路基的压实度来判定路基的密实程度，其判定方法目前国内外尚无统一规定。国外填石路堤曾采用在振动压路机的驾驶台上装设的压实计反映的计数值，来判定是否达到要求的紧密程度，但无定量值的规定，且只限于设有此种装置的压路机。我国现行《公路路基施工技术规

范》(JTG/T 3610—2019)规定的压实标准为:在规定深度范围内,以不小于18 t的振动压路机压实,当压实层顶面稳定,不再下沉(无轮迹)时,可判为达到密实状态。

(4)压实方法及检查

填石路堤填料石块本身是密实不能压缩的,压实工作是使各石块间松散接触状态变为紧密咬合状态。由于石块粒径较大,质量较大,必须选择工作质量不小于18 t以上的重型振动压路机、工作质量在2.5 t以上的夯锤或25 t以上的轮胎压路机压实,才能达到规定的密实状态。

填石路堤应先压两侧后压中间,压实路线对于轮碾应纵向互相平行,反复碾压。夯锤的压实路线应呈弧形,当夯实密实程度达到要求后,再向后移动一夯锤位置。行与行之间应重叠40 ~ 50 cm,前后相邻区段应重叠1 ~ 1.5 m,其余注意事项与土质路基压实相同。

填石路堤使用各种压实机具时的注意事项与压实填土路基相同,而填石路堤压实到所要求的紧密程度所需的碾压或夯压的遍数应经过试验确定。采用重锤夯实时,重锤下落时不下沉而发生弹跳现象时,可进行压实度检验。

填石路堤顶面至路床顶面30 ~ 50 cm(高速公路、一级公路为50 cm,其他公路为30 cm)范围内应填筑符合路床要求的土,并按要求进行压实。

2. 土石混填路堤

土石混填路堤的压实方法与技术要求,应根据混合料中巨粒土(粒径大于200 mm的颗粒)的含量多少确定。当混合料中巨粒土含量高于70%时,其压实作业接近于填石路堤,应按填石路堤的方法和要求进行;当混合料中巨粒土的含量在50% ~ 70%时,其压实作业视具体情况选用其压实方法;当混合料中巨粒上含量低于50%时,其压实作业接近于填土路堤,应按前述填土路堤的方法和要求进行。

土石混填路堤的压实度可采用灌砂法或水袋法检测。其标准干容重应根据每一种填料的不同和含石量的最大干容重做出标准干容重曲线,然后根据试坑挖取试样的含石量,从标准干容重曲线上查出对应的标准干容重。当采用灌砂法或水袋法检验有困难时,可根据填石路堤的方法进行检验,即通过不小于18 t的振动压路机压实试验,当压实层顶面稳定,不再下沉(无轮迹)时,可判定为密实状态。

如果几种填料混合填筑，则应从试坑挖取的试样中计算各种填料的比例，利用混合料中几种填料的标准干密重曲线查得对应的标准干密度，用加权平均的计算方法计算所挖试坑的标准干密度。

3.高填方路堤

高填方路堤的基底承受路堤土本身的荷载很大，所以对基底应进行场地清理，并按照设计要求的基底承压强度进行压实。设计无要求时，基底的压实度不应小于90%。当地基松软仅依靠对原土压实不能满足设计要求的承压强度时，应进行地基加固处理，以达到设计要求；当基底处于陡峻的山坡上或谷底时，应作挖台阶处理，并严格分层填筑压实；当场地狭窄时，压实工作应采用小型的手扶式振动压路机或振动夯进行；当场地较宽广时，应采用自行式12 t以上的振动压路机碾压。

第三节 路堑开挖施工

路堑开挖是路基施工中工程量最大、最普遍的施工内容，需有多种机械进行施工，并可发挥其优势。所以，路堑开挖主要采用机械化施工。

一、路堑开挖施工特点

从作业程序上说，路堑施工较为简单，就是按一定要求把土挖掘并搬运到弃土地点，不像路堤填筑有材料选择、分层碾压密实等问题存在。然而从施工经验和公路使用的角度看，路基发生的问题，却大多出现在路堑上。因此，在路堑施工中，对采取的作业方式、开挖步骤、弃土位置等应予以充分重视，进行全面规划，保证较高的质量和效率。一般路基开挖作业时应注意以下几点：

第一，由于水是造成路堑各种病害的主要原因，所以无论采用何种方式开挖，均应保证开挖过程中及竣工后的有效排水，施工时均应先开挖截水沟，并设法引走一切可能影响边坡稳定的地面水和地下水。

第二，开挖时应按横断面自上而下，依照设计边坡逐层开挖，切不可逆转施工，否则可能引起滑坡。

第三，在地质不良拟设挡土墙的路堑中，路堑应分段挖掘，同时采用修筑挡土墙或其他防护设施的方法为宜，以保证安全。

第四，路堑弃土应按要求，整齐地堆放在路基一侧或两侧。弃土堆内坡角（靠路堑一侧）至路堑边坡顶端距离不得小于一定限度。

第五，松软土地带或其他不符合要求的土质地段，要采取各种稳定处理措施，并注意地下水的上升，根据需要设置排水盲沟。

二、土质路堑开挖施工

（一）开挖方法的确定

路堑开挖是将路基范围内设计标高之上的天然土体挖除，并运到填方地段或其他指定地点的施工活动。开挖路堑将破坏土体原有的平衡状态，开挖时保证挖方边坡的稳定性是一个十分重要的问题。深长路堑往往工程量巨大，开挖作业面狭窄，常常是一段路基施工进度的控制性工程。因此，应因地制宜，以加快施工进度、保证工程质量和施工安全为原则，综合考虑工程量大小、路堑深度与长度、开挖作业面大小、地形与地质情况、土石方调配方案、机械设备等因素，制定切实可行的开挖方式。根据路堑深度和纵向长度，开挖时可按横挖法、纵挖法或混合式开挖法进行。

（二）开挖方法

1.横挖法

横挖法是从路堑的一端或两端在横断面全宽范围内向前开挖，主要适用于短而浅的路堑。路堑深度不大时，一次挖到设计标高的开挖方式称为单层横挖法。若路堑较深，为增加作业面，以便容纳较多的施工机械，形成多向出土以加快工程进度，而在不同高度上分成几个台阶同时开挖的方式称为多层横挖法，各施工层面具有独立的出土通道和临时排水设施。用人工按多层横挖法开挖路堑时，所开设的施工台阶高度应符合安全施工要求，一般为1.5～2 m；若采用机械开挖路堑，每层台阶高度为3～4 m。当运距较近时采用推土机进行开挖；运距较远时宜采用挖掘机配合自卸汽车进行开挖，或用推土机推土堆积，再用装载机配合自卸汽车运土。开挖时应配合平地机或人工分层修刮、整平边坡。

2.纵挖法

纵挖法是开挖时沿路堑纵向将开挖深度内的土体分成厚度不大的土层依次开挖，分为分层纵挖法和通道纵挖法两种。分层纵挖法适于路堑宽度和深度均不大的情况，在路堑纵断面全范围内纵向分层挖掘。当开挖地段地面横坡较陡、开挖长度较短（不超过100 m）且开挖深度不大于3 m时，宜采用推土机作业。当挖掘的路堑较长（超过1 000 m）时，宜采用铲运机或铲运机加推土机助铲作业。

通道纵挖法适用于路堑较长、较宽、较深而两端地面坡度较小的情况。开挖时先沿纵向分层，每层先挖出一条通道，然后开挖通道两旁，通道作为机械运行和出土的路线。

如果所开挖的路堑很长，可在路堑适当位置将路堑横向挖穿，把路堑分为几段，各段再采用纵向开挖的方式作业，这种挖掘路堑的方法称为分段挖掘法。这种挖掘方法可以增加施工作业面，减少作业面之间的干扰并增加出料口，从而大大提高工效，适用于傍山的深长路堑开挖。

3. 混合式开挖法

混合式开挖法是将横挖法与纵挖法混合使用。开挖时先沿路堑纵向开挖通道，然后从通道开始沿横向坡面挖掘，以增加开挖坡面，每一开挖坡面能容纳一个施工作业组或一台机械。在挖方量较大地段，还可沿横向再挖掘通道以安装运土传送设备或布置运土车辆。这种方法适用于路堑纵向长度和深度都很大的地段。

土方开挖不论开挖工程量和开挖深度大小，均应自上而下进行，不得乱挖超挖。严禁掏洞取土。在不影响边坡稳定的情况下采用爆破施工时，应经过设计审批。在开挖过程中土质发生变化时，应及时修改施工方案和边坡坡度。对于已经开挖的适于种植草皮和有其他用途的土，应储备利用。严禁在岩溶漏斗处、暗河口处、贴近桥墩台处弃土。

三、石质路堑开挖施工

由于岩石坚硬，石质路堑开挖往往比较困难，这对路基的施工进度影响很大，尤其是工程量很大而集中的山区石方路堑更是如此。因此，开挖方法对施工进度有着决定性的意义。通常在选择施工方法时，应根据岩石类别、风化程度、节理发育程度、施工条件及工程量大小等选择爆破法、松土法或破碎法进行开挖。

（一）爆破法开挖

爆破法是利用炸药爆炸的能量将土石炸碎以利于开挖运输或借助于爆炸能量将土石移到预定位置。用这种方法开挖路堑具有工效高、速度快、劳动力消耗少、施工成本低等特点。对于岩质坚硬，不可能用人工或施工机械开挖的石质路堑，通常要用爆破开挖法。爆破后用机械清方，是非常有效的路堑开挖方法。

根据炸药用量的多少，爆炸法分为中小型爆破和大爆破，其中使用频率最高的是中小型爆破，大爆破的应用通常受到诸多因素的影响。例如，在开挖山岭地带的石方路堑时，如果岩层不太破碎，路堑较深且路线通过突出的山嘴时，采用大爆破开挖可有效提高施工效率；如果路堑位于页岩、片岩、砂岩、砾岩等非整体性岩石上时，则不宜用大爆破开挖法。尤其是路堑位于岩石倾斜朝向路线且有砂岩、黏土层的软弱地段及易坍塌的堆积层时，禁止采用大爆破开挖，以免对路基的稳定性造成危害。

石方需用爆破法开挖的路段，如空中有缆线，应查明其平面位置和高度；还应调查地下有无管线，如果有管线，应查明其平面位置和埋设深度；同时应调查开挖边界线外的建筑物结构类型、完好程度、距开挖边界的距离，然后制定爆破方案。任何爆破方案的制定，必须确保空中缆线、地下管线和施工区边界处建筑物的安全，进行爆破作业时必须由经过专业培训并取得爆破证书的专业人员施爆。土质深挖路堑无论是单边坡或双边坡，均应按照有关规范的规定开挖，靠近边坡 3 m 以内禁止采用爆破法施工。在距边坡 3 m 以外准备采用爆破法施工时，应进行缜密设计，防止炸药量过多，并报请批准。

（二）松土法开挖

松土法开挖是充分利用岩体的各种裂缝和结构面，先用推土机牵引松土器将岩体翻松，再用推土机或装载机与自卸汽车配合将翻松的岩块搬运到指定的地点。松土法开挖避免了爆破作业的危险性，而且有利于挖方边坡的稳定和附近建筑设施的安全，凡能用松土法开挖的石方路堑，应尽量不采用爆破施工法。随着大功率施工机械的使用，松土法越来越多地应用于石质路堑的开挖，而且开挖的效率越来越高，能够使用松土法施工的范围越来越广。

松土法施工的效率与岩石破裂面情况及风化程度有关。岩体被破碎岩石分割成较大的块体时，松开效率高。当岩体已裂开成为小块石或呈粒状时，松土只能劈成沟槽，松开效率低。砂岩、石灰岩、页岩等沉积岩有沉积层面，是比较容易松开的岩石，沉积层越薄，松动越容易。片麻石、片岩、石英岩等变质岩的松动要根据其破裂面的发育情况而定。花岗岩、玄武岩、安山岩等岩浆岩不成层状或带状，松动比较困难。坚硬完整的岩石难于翻松，可进行适当的浅孔松动爆破，再进行松土作业。松土施工所采用的松土器分为单齿松土器和多齿松土器两种。

（三）破碎法开挖

破碎法开挖是利用破碎机凿碎岩块，然后进行挖运作业。这种方法是将凿子安装在推土机或挖土机上，利用活塞的冲击作用使凿子产生冲击力以凿碎岩石，其破碎岩石的能力取决于活塞的大小。破碎法主要用于岩体裂缝较多、岩块体积小、抗压强度低于100 MPa的岩石，由于开挖效率不高，只能用于上述两种方法不能使用的局部场合，作为爆破法和松土法的辅助作业方式。

第四节　路基排水施工

路基排水设施可以及时排出地表径流，降低土基湿度，保持路基常年处于干燥和中湿状态，使路基工作区内的土基含水量降低到一定的范围内，确保路基路面具有足够的强度与稳定性。

一、路基排水的一般要求

路基内的水源自地表水和地下水。地表水主要由降水形成的地面径流。地下水为从地面渗入并滞留于上层的滞流水和地下含水层内的潜水。路基排水的目的是通过采取有效的措施，使路基内含水量保持在允许范围内，保证路基经常处于稳定状态，满足使用要求。

第一，流向路基的地表水和地下水，需在路基范围以外的地点，设置截水沟与排水沟或渗沟进行拦截，并引离至指定地点，路基范围内的水源，分别采用边沟、渗沟、渗井和排水沟予以排除。路基排水一般向低洼一侧排除，必须横跨路基时，尽量利用拟设的桥涵，必要时设置涵洞、倒虹吸或渡槽。水流落差较大时，应在较短段落上设置跌水或急流槽。

第二,对于明显的天然沟槽,一般宜依沟设涵,不必勉强改沟与合并。对于沟槽不明显的漫流,应在上游设置束流设施,加以调节,尽量汇集成沟导流排除。对于较大水流,注意因势利导,不可轻易改变流向,必要时配以防护加固工程,进行分流或束流。为了提高截流效果,减少工程量,地面沟渠宜大体沿等高线布置,尽可能使沟渠垂直于流水方向,且应力求短捷,水流通畅。沟渠转弯处要求以圆曲线相接,以减小水流的阻力。排水沟的出水口应设置跃水和急流槽将水流引出路基或引入排水系统。

第三,各种排水设备必须地基稳固,不得渗漏或滞留,并具有适当纵坡,以控制与保持适当的流速。沟槽的基底与沟底沟壁,必要时予以加固,不得溢水渗水,防止损害路基和引起水土流失。

第四,施工前,应校核全线排水设计是否完善、合理,必要时应提出补充和修改意见,使全线的沟渠、管道、桥涵组合成完整的排水系统。完成临时排水设施,临时排水设施应尽量与永久排水设施相结合,排水方案应因地制宜、经济实用。施工期间,应经常维护临时排水设施,保证水流畅通。①

第五,路堤施工中,各施工作业层面应设2%~4%的排水横坡,层面上不得有积水,并采取措施防止水流冲刷边坡。

第六,路堑施工中,应及时将地表水排走。

二、常见排水设施

路基路面排水设施可分为地上的排水设施和地下的排水设施。地面排水设施有边沟、截水沟排水沟、跌水、急流槽、倒虹吸、渡水槽、蒸发池等,它们分别设置在路基的不同部位,共同形成完整的路基地面排水系统。各类地表排水设施的沟槽顶面应当高出设计水位0.1~0.2 m。地表排水设施的断面形状和尺寸应满足排泄设计流量的要求,不产生冲刷和淤积。地表排水沟渠宜短不宜长,以使水位不过于汇集,做到及时疏散,就近分流,同时也不应兼作其他流水的用途。

(一)边沟

挖方路基以及填土高度低于路基设计要求的临界高度的路堤,在路肩外缘均应设置纵向人工沟渠,称之为边沟,其主要功能在于排除路基用地范围

①徐世红. 公路路基排水施工探析[J]. 企业技术开发,2015,34(23):162,164.

内的地表水,包括路面、路肩和边坡的流水。

边沟断面形式主要有梯形、矩形、三角形或流线形等,按公路等级、所需排水设计流量、设置位置和土质或岩质选定。

(二)截水沟

截水沟一般设置在挖方路基边坡坡顶以外,或山坡路堤的上方的适当位置,用以拦截路基上方流向路基的地表水,减轻边沟的水流负担,保护挖方边坡和填方坡脚不受流水冲刷和损害的人工沟渠。它是多雨地区、山岭和丘陵地区路基排水的重要设施之一。

截水沟设在路堑坡顶或路堤坡脚外侧,要结合地形和地质条件沿等高线布置,将拦截的水顺畅地排向自然沟谷或水道。降水量较少或坡面坚硬和边坡较低以致冲刷影响不大的地段,可以不设截水沟;反之,若降雨量较多,且暴雨频率高,山坡覆盖层松软,坡面较高,水土流失较严重的地段,必要时可设置两道或多道截水沟。

(三)排水沟

排水沟主要用于排除来自边沟、截水沟或其他水源的水流,并将其引至路基范围以外的指定地点。当路线受到多段沟渠或水道影响时,为保证路基不受水害,可以设置排水沟或改移渠道,以调节水流,整治水道。

排水沟的横断面形式,一般采用梯形,尺寸大小应经过水力水文计算而定。

排水沟的布置,必须结合地形等条件,离路基尽可能远些,转向时,尽可能采用较大半径(10 ~ 20 m以上),徐缓改变方向,距路基坡脚的距离一般不宜小于3 ~ 4 m;排水沟长度一般不超过500 m;纵坡大于7%时,应设置跌水或急流槽。

(四)跌水与急流槽

跌水与急流槽均用于陡坡地段,沟底纵坡可达100%。由于纵坡大、水流湍急、冲刷作用严重,所以跌水与急流槽必须用浆砌石块或水泥混凝土砌筑,且应埋设牢固。

在陡坡地段设置跌水结构物,可在短距离内降低水流流速、消减水流能量,避免出水口下游的桥涵结构物、自然水道或农田受到冲刷。

(五)盲沟与渗沟

设在路基边沟下面的暗沟称为盲沟,其目的是拦截或降低地下水。盲沟造价通常高于明沟,发生淤塞时,疏通困难,甚至需要开挖重建。

设置在路基两侧边沟下的盲沟,主要作用是降低地下水位,防止毛细水上升至路基工作区范围内,形成水分积聚而造成冻胀和翻浆,或土基过湿而降低强度等。

(六)渗井

当路基附近的地表水或浅层地下水无法排除,影响路基稳定时,可设置渗井,将地表水或地下水经渗井通过下透水层中的钻孔流入下层透水层中排除。

渗井直径50~60 cm,井内填充料含泥量应小于5%,按单一粒径分层填筑,不得将粗细材料混杂填塞。在下层透水范围内填碎石或卵石,上层不透水层范围内填砂或砾石,填充料应采用筛洗过的不同粒径的材料,井壁和填充料之间应设反滤层。

渗井离路堤坡脚不应小于10 m,渗水井顶部四周用黏土填筑围护,井顶应加筑混凝土盖,严防渗井淤塞。渗井开挖应根据土质选用合理的支撑形式,并应随挖随支撑,及时回填。

(七)检查井

为检查维修渗沟,每隔30~50 m或在平面转折和坡度由陡变缓处宜设置检查井。

检查井一般采用圆形,内径不小于1 m,在井壁处的渗沟底应高出井底0.3~0.4 m,井底铺一层厚0.1~0.2 m的混凝土,混凝土强度必须达到5 MPa,井基如遇不良土质,应采取换填、夯实等措施。兼起渗井作用的检查井的井壁,应在含水层范围设置渗水孔和反滤层。深度大于20 m的检查井,蹬出梯要牢固。井口顶部应高出附近地面约0.3~0.5 m,并设井盖,井框、井盖应平稳,井口周围无积水。

三、边沟、截水沟与排水沟的施工

通常把边沟、截水沟与排水沟笼统地称之为“水沟”,其施工工艺和施工方法非常相似。水沟的施工流程为:施工准备(清理现场、核查设计布置是否合理、组织施工人员及施工机械、材料准备)—测量放样—撒石灰线(机械开挖)或挂线(人工开挖)—沟槽开挖—人工修整—验槽—水沟加固(水沟沟底纵坡大于3%时,或土质水沟采用矩形断面时,或需要防止水沟水流下渗时)。

当公路用地比较紧张时,边沟、排水沟和碎落台截水沟多采用矩形断面形式,需要结合其他防护工程进行加固处理。高等级公路为了行车安全和增加路面视觉宽度,常在边沟顶面加带槽孔的混凝土盖板。

加带混凝土盖板的高等级公路边沟施工流程可表示为:全站仪定位放样—撒石灰线—挖机(或人工)开挖沟槽—人工修整—验槽—砌筑沟底—砌筑沟帮—检查沟底、沟帮—沟帮、沟底抹面或勾缝—运输盖板—清除边沟淤积及沉降缝封缝—安装盖板—找平外露边沟顶面。

(一)土质水沟的施工方法

进行沟槽测量放样。根据设计图纸尺寸,利用经纬仪及钢尺或皮尺从中桩引测,或利用全站仪从测量控制点引测,放样点间距直线段一般为10 m一点,曲线段根据转弯半径大小为2~5 m一点。

放样时,应核查水沟设计位置的合理性,是否与公路设施及建筑物位置发生冲突;坡降是否过大或过小,过大是否需要采取加固措施,过小是否会产生积水或漫流现象:与其他防排水措施交接处是否会发生错位或冲刷,是否需要进行防冲加固;出水口水流是否顺畅,是否会发生冲刷危害,是否应采取消能或提高抗冲刷的加固措施;边沟转弯半径是否符合有关要求,是否应在外侧加高和加固。设计存在不合理的地方或存在需要完善的地方,需及时向有关单位进行汇报,并对设计进行修改和完善。

放样之后,应进行现场清理,清除杂草、灌木、有机质土及覆土等杂物,平整场地及进行施工临时排水。

低等级道路,或降水量较少的地区,水沟设计尺寸亦较小,通常采用人工开挖沟槽。反之,高等级道路,或降水量较大的地区,水沟设计尺寸亦较大,为了保证施工质量和工期,大多采用人工配合挖掘机开挖。在纵向,一般应从下游向上游开挖。

当人工开挖作业时,测量放样后,挂线施工。施工时一般采用分段开挖的方法,每一段可以分层开挖,从上到下,逐渐成形,也可以全断面开挖,先开辟出一个工作面,修整成设计断面,然后往前推进,每一个断面都一次成型。

当采用机械开挖作业时，应该先放样，然后撒石灰线，挖土机开始工作。开挖过程中，最好欠挖，人工修整到位，不能超挖。如果出现超挖，超挖部分用浆砌片石或其他加固材料找补。

开挖时尽量不扰动原状土，当采用机械开挖，可适当欠挖，边挖边测量控制，沟底高程用水准仪实测控制，最后用人工修整。修整时以一定长度(一般为10 m，曲线段按半径大小为2～5 m)按设计尺寸定一标准断面，在两标准断面间拉线，按线修整，也可用断面样板或皮尺或钢尺逐段检查，反复修整，直到符合设计要求为止。雨季施工时基坑开挖必须采取防止坑外雨水流入基坑的措施，坑内雨水应及时排出。

(二)石质水沟的施工方法

石质水沟的开挖，无论采用人工还是机械施工，均需爆破，使石方松动后再开挖成型，这样很容易超挖，应控制炮孔位置和爆破药量，超挖部分用浆砌片石、混凝土或砂浆找补。石质水沟其他工序的施工方法与土质水沟相同。

四、跌水与急流槽的施工

由于跌水和急流槽的纵坡陡，水流速度快，冲刷力强，要求跌水与急流槽的结构必须稳固耐久，一般宜采用浆砌块石、混凝土预制块砌筑或混凝土现浇，并具有相应的防护与加固措施。

若急流槽和跌水通过岩石山坡，亦可利用岩石坡面开槽形成急流槽槽身，进行必要的勾缝、灌浆或喷射混凝土等处理措施。

跌水与急流槽施工流程为：施工准备(清理现场核查设计布置是否合理)—测量放样—沟槽开挖—沟槽清理—验槽—槽身加固(跌水与急流槽砌筑)—进、出水口铺砌—消力池砌筑—检查验收。

(一)跌水的施工

跌水沟槽的开挖，在土质或风化比较深的边坡可以采用人工开挖或机械直接开挖；在岩石边坡可以采用爆破方法开挖。跌水基础应开挖到设计要求的高程或设计要求的承载力基础上为止。

1.材料要求

采用浆砌石砌筑时，应采用微风化或新鲜、坚硬、裂隙不发育、单轴抗压强度应大于30 MPa的片石；如果采用预制混凝土块施工时，预制块强度应满足设计要求和有关规定。砌筑砂浆强度不应低于M7.5,混凝土原材料要求应符合有关规定。

2.跌水施工要求

第一,跌水沟槽一般采用人工开挖,如果坡度允许和断面尺寸合适,也可采用机械开挖。

第二,跌水槽开挖后,立即平整夯拍密实,如土质干燥需洒水湿润,遇有鼠洞、陷穴,应堵塞夯实。

第三,砌石砂浆应按设计配比拌制均匀,随拌随用,自出料到用完,其允许间歇时间不应超过1.5 h。

3.浆砌石(浆砌预制块)的施工要求

第一,砌筑顺序:纵向方向,从下游向上游砌筑;横向方向,宜先砌跌水沟底后砌墙,砌墙时,应从墙脚开始,由下而上分层砌筑。

第二,石料(预制块)安放要求:①浆砌块石应花砌、大面朝外、错缝砌筑,并选择较大、较规整的块石砌在跌水沟底和沟坡墙的下部。②浆砌料石和石板,跌水沟坡墙应纵砌(料石或石板长边平行于水流方向);在跌水底应横砌(料石或石板长边垂直于水流方向),错缝砌筑,料石错缝距离宜为料石长的1/2左右。③浆砌卵石,相邻两排应错开茬口,并选择较大的卵石砌于跌水沟底和沟坡墙脚,大头朝下、挤紧靠实。④浆砌块石,应先砌面石,后砌腹石。面石与腹石应交错连接,浆砌料石挡土墙式跌水沟槽,应有足够的丁石。⑤浆砌预制块,跌水边墙应纵砌(预制块长边平行于水流方向);在跌水底应横砌(预制块长边垂直于水流方向),错缝砌筑,预制块错缝距离宜为预制块长的1/2。

第三,石料(预制块)砌筑要求:①砌筑前宜将石料(预制块)洒水湿润,石料应冲洗干净。②浆砌料石和块石,应干摆试放后分层砌筑、座浆饱满。每层铺砂浆的厚度:料石宜为2~3 cm,块石宜为3~5 cm。块石缝宽超过5 cm时,应填塞小片石。③卵石可采用挤浆砌筑,也可干砌后用砂浆或细砾混凝土灌缝。④浆砌石板应保持砌缝密实平整,石板接缝间的不平整度不应超过1 cm。⑤浆砌预制块应保持砌缝密实平整,预制块接缝间的不平整度不应超过1 cm。

第四,勾缝要求:浆砌料石、块石、卵石、预制块和石板,宜在砌筑砂浆初凝前勾缝。勾缝应自上而下用砂浆充填、压实和抹光。浆砌料石、块石和石板宜勾平缝;浆砌卵石宜勾凹缝,缝面宜低于砌石面1～3 cm。

第五,混凝土浇筑施工要求:施工顺序应从下游向上游浇筑;伸缩缝设置合理;混凝土强度应满足设计要求和有关规定。

(二)急流槽的施工

急流槽基础和耳墙基础开挖到设计要求的高程或设计要求的承载力基础上为止,验收合格后方可进行加固施工。

1.材料要求

采用浆砌石砌筑时,应采用微风化或新鲜、坚硬、裂隙不发育、单轴抗压强度大于30 MPa的片石;如果采用预制混凝土块施工时,预制块强度应满足设计要求和有关规定;砌筑砂浆强度不应低于M7.5。混凝土原材料要求应符合有关规定。

2.急流槽施工方法

第一,急流槽沟槽一般采用人工开挖;如果坡度允许和断面尺寸合适,也可采用机械开挖;岩石沟基采用爆破开挖。

第二,急流槽开挖后,立即平整夯拍密实,如沟基干燥需洒水湿润,遇有鼠洞、陷穴,应堵塞夯实。

第三,砌石砂浆应按设计配比拌制均匀并符合有关规定,随拌随用,自出料到用完,其允许间歇时间不应超过1.5 h。

3.浆砌石(浆砌预制块)的施工要求

第一,砌筑顺序:纵向方向,从下游向上游砌筑;横向方向,宜先砌急流槽底后砌沟坡墙,砌沟坡墙时,应从墙脚开始,由下而上分层砌筑。

第二,石料(预制块)的安放要求:①浆砌块石应花砌、大面朝外、错缝砌筑,并选择较大、较规整的块石砌在急流槽底和沟坡墙的下部。②浆砌料石和石板,急流槽沟坡墙应纵砌(料石或石板长边平行于水流方向);在急流槽底应横砌(料石或石板长边垂直于水流方向),错缝砌筑,料石(石板)错缝距离宜为料石长度的1/2左右。③浆砌卵石,相邻两排应错开茬口,并选择较大的卵石砌于急流槽底和沟坡墙脚。④浆砌块石,应先砌面石,后砌腹石,面石与腹石应交错连接。⑤浆砌预制块,急流槽沟坡墙应纵砌(预制块长边平行于水流方向);在急流槽底应横砌(预制块长边垂直于水流方向),错缝砌筑,预制块错缝距离宜为预制块长度的1/2。

第三，石料(预制块)的砌筑要求同跌水中该项目的施工要求。

第四，勾缝要求同跌水中该项目的施工要求。

第五，混凝土浇筑施工要求：施工顺序应从下游向上游浇筑，伸缩缝的设置合理；混凝土强度应满足设计要求和有关规定。

五、盲沟与渗沟的施工

(一)盲沟的施工

1. 盲沟的施工流程

施工准备—定线—确定泉眼范围—挖泉井挖土沟—砌筑井壁砌筑沟壁—安装盖板—铺筑碎(卵)石层—填砂砾层。

2. 盲沟的施工方法

(1)施工准备

熟悉设计图纸和要求，清理现场污物，剥离泉眼上层浮土和周围土石，露出泉眼；调查现场泉眼分布位置、数量、高程、涌水量，检查原设计暗沟布置是否正确；出水口位置能否有保证，是否产生淤积、冲刷等危害；如现场情况与设计有较大出入，应提出变更方案，并报监理或(和)建设方批准后执行。

(2)定线

根据泉眼位置、高程以及出水口位置高程，现场放出暗沟开挖路线，一般以最短直线路径将水排出路基。定线时须注意以下方面：出口沟底应高于路基外排水沟常水位0.2 m以上，盖板沟的沟底纵坡不小于1%，圆管不小于0.5%；盖板顶至路面覆土高度不小于0.5 m，圆管管顶以上覆土不小于0.7 m。开挖位置确定后，撒画开挖石灰线。

(3)开挖沟槽

根据施工条件、暗沟断面大小确定开挖方式和沟壁支护办法，开挖方向应从下游往上游进行，开挖过程中应将泉眼内的出水临时用胶管、竹筒等或临时排水沟引出，避免在水中开挖。有条件时基底应挖至不透水层内。在土质地基上使用机械开挖时，基底预留20 cm左右使用人工挖土清底、清壁，确保基底不被扰动。

(4)验槽

沟槽开挖至预定深度后,检查基底土质类型和承载力,如基底承载力不够时,应采取换土等基底加固措施处理。基底开挖完成后,应尽快进行基槽整修、清理等工作,并查验基底高程、断面尺寸等检验项目的允许偏差。

(二)渗沟的施工

1.渗沟的施工工艺

施工前准备—现场清理测量放样—沟槽开挖—沟槽清理与验槽—渗沟材料安装回填及夯实。

2.渗沟的施工方法

(1)施工前准备

认真阅读设计图纸,掌握设计意图、目的,拟订施工方案;核查设计是否合理完善,现场条件是否发生了变化;出水口位置能否有保证,是否产生淤积、冲刷等危害;渗沟底高程应高出沟外最高水位 20 cm;渗沟的埋深,要求透水层的顶部应低于原有地下水位;当排出层间水时,渗沟底部应埋于最下面的不透水层上,在冰冻地区,渗沟埋深不得小于当地最小冻结深度;检查人员、材料、机具到位情况;熟悉验收标准,落实冬雨季施工措施。

(2)现场清理

清理现场,整平路基,检查路基标高,复核水准点、控制点(导线桩或路中心桩)。

(3)测量放样

根据设计图上渗沟位置,采用经纬仪或全站仪在现场实地定出渗沟中线桩位,撒画石灰边线或挂线,标出开挖位置;开挖前须经过复核验收;如需变更原设计平面布置,须经监理批准。

(4)开挖沟槽

根据渗沟宽度大小以及现场条件,选择采用人工开挖或机械开挖,开挖方向宜自下游向上游进行,沟槽开挖宽度及放坡可根据设计、土质、挖深、水位确定,优先采用挖直立沟或直立沟加支撑方式。开挖过程中注意检查控制基底高程、断面尺寸,做到不超挖、不扰动槽底基土。机械开挖时在设计槽底高程以上保留 20 cm 左右不挖,用人工清理底、基壁;当下一步工序不能连续进行时,槽亦留 20 cm 左右土层不挖,待下一步工序开工时再挖。开挖过程中要做好排水引流，避免基槽受水浸泡。

(5)沟槽清理与验槽

沟槽按设计开挖至预定深度后，检验基槽土质类型、地质水文状况，以决定是否需加深沟槽或变更设计布置。沟槽清理后，沟内不得有突出的尖石或树根，以免刺破损伤土工布。做好基槽记录，及时通知监理检验；若发现槽中土质、水文地质情况与原设计有较大出入，须报业主代表及监理工程师，另行确定解决方案。

(三)质量检测要求

1.盲沟、明沟、暗沟

第一，如果盲沟是为了排出泉眼出水，应清理干净泉眼周围的浮土。

第二，明沟槽施工放线、开挖、修整、清理施工以后，查验断面高程、尺寸、平整度等允许的偏差。

第三，如果暗沟两侧为石质，清理达到要求时，盖板可直接安放在两侧石壁上。

第四，盖板施工或管道安装施工过程中，应施工一段，清理一段，保证管内或沟内清洁、干净。当进行盖板上的回填时，应采取防止土由盖板缝掉入沟内的措施，如用砂浆封缝或用土工布、编织袋等覆盖后方可回填上部。

2.渗沟

第一，应保证渗沟开挖到地下水位线之下。

第二，渗沟槽施工放线、开挖、修整、清理以后，查验槽断面高程、尺寸、平整度等允许的偏差。沟槽验收合格后，即可进行渗沟砌(铺)筑。

第三，路基下的碎石渗沟的碎石体填筑时，应进行分层填筑、分层夯实，使用轻型设备夯实薄层(层厚15～20 cm)，压实度应达到60%以上；碎石填筑中一定要防止二次污染，不同粒径填料要做好分隔，平起平上。

第四，土工布一定要保证搭接长度，施工过程中，要保持土工布的清洁，并做好渗沟顶部的封(压)顶工作。

第五，渗沟出口按相应的设计方法处理，但必须保证出口流水顺畅，不产生冲刷、积水等危害。

第五节 特殊路基施工

以下笔者将以软土路基为例,详细阐述特殊路基的施工技术。

淤泥、淤泥质土以及天然强度低、压缩性高、透水性小的一般黏性土统称为软土。软土路基天然含水率大于等于35%和液限;天然孔隙比大于等于1;十字板抗剪强度小于35 kPa;压缩系数宜大于0.5 MPa^{-1}。高速公路路基的定义:标准贯击数小于4,无侧限抗压强度小于50 kPa,含水量大于50%的黏性土和标准贯击数小于10,含水量大于30%的砂性土。

一、软土路基处理方法

(一)换填法

换填法是将原路基一定深度和范围内的淤泥挖除,换填符合规定要求的材料,使之达到规定的压实度的方法。换填时,应选用水稳性或透水性好的材料,分层铺筑,逐层压实。

(二)抛石挤淤法

抛石挤淤是在路基底从中部向两侧抛投一定数量的碎石,将淤泥挤出路基范围,以提高路基强度。所用碎石宜采用不易风化的大石块,尺寸一般不小于0.15 m。抛石挤淤法施工简单、迅速、方便,适用于常年积水的洼地,排水困难,泥炭呈流动状态,厚度较薄,表层无硬壳,片石能沉达底部的泥沼或厚度为3 ~ 4 m的软土;在特别软的地面上施工由于机械无法进入,或是表面存在大量积水无法排出时;适用于石料丰富,运距较短的情况。

(三)排水固结法

排水固结法包括堆载预压法、真空预压法、降水预压法、电渗排水法,适用于处理厚度较大的饱和软土和冲填土路基,但对于较厚的泥炭层要慎重选择。

(四)胶结法

1. 水泥搅拌桩

水泥搅拌桩的适用范围为淤泥、淤泥质土、含水量较高地层、地基承载力不大于120 kPa的黏性土、粉土等软土路基。在有较厚泥炭土层的软土路基上，宜通过试验确定其适用性，并可适量添加磷石膏以提高搅拌桩桩身强度。当地下水中含有大量硫酸盐时，应选用抗硫酸盐硅酸盐水泥。冬期施工时，应注意负温。注意十字板剪切强度为35 kPa所对应的静力触探总贯入阻力约为750 kPa。

2.高压喷射注浆法

高压喷射注浆法的适用范围为淤泥、淤泥质土、黏性土、黄土、砂土、人工填土和碎石土等路基，尤其适用于软弱路基的加固。湿陷性黄土以及土中含有较多的大粒径块石、坚硬性黏性土、大量植物根茎或过多有机质时，应根据现场试验结果确定其适用程度。对地下水流速较大或涌水工程以及对水泥有严重侵蚀的路基应慎用。

3.灌浆法

灌浆法适用于处理淤泥、淤泥质土、粉土和含水量较高，且路基承载力标准值不大于120 kPa的黏性土等地基。当用于处理泥炭土或地下水具有侵蚀性时，宜通过试验以确定其适用性。

4.水泥土夯实桩法

水泥土夯实桩法适用于地下水位以上的素填土、淤泥质土和粉土等。

（五）加筋土法

加筋土适用范围为人工填土、砂土的路堤、挡墙、桥台等；土工织物适用于砂土、黏性土和软土的加固，或用于反滤、排水和隔离的材料；树根桩适用于各类土，主要用于既有建筑物的加固及稳定土坡、支挡结构物；锚固法能可靠地锚固土层和岩层。对软弱黏土宜通过重复高压灌浆或采用多段扩体或端头扩体以提高锚固段锚固力。对液限大于50%的黏性土，相对密度小于0.3的松散砂土以及有机质含量较高的土层，均不得作为永久性锚固地层。

（六）振冲置换法

振冲置换法适用于不排水剪切强度20 kPa$\leq C_U \leq$50 kPa的饱和软黏土、饱和黄土及冲填土。对不排水剪切强度小于20 kPa的地基应慎重选择。此法能使天然路基承载力提高20%～60%。[①]

①贺佳. 路基施工技术及特殊路基处理研究[J]. 黑龙江交通科技，2020，43(9)：56-57.

（七）石灰桩法

石灰桩法适用于渗透系数适中的软黏土、杂填土、膨胀土、红黏土、湿陷性黄土，不适合地下水位以下的渗透系数较大的土层。当渗透系数较小时，软土脱水加固效果不好的土层慎用。

（八）强夯法

强夯法适用于碎石、砂土、杂填土、素填土、湿陷性黄土及低饱和度的粉土和黏性土。对于高饱和度的粉土和黏性土，需经试验论证后方可使用，且应设置竖向排水通道。该法处理深度可达10多米，但强夯的震动可能会对周围环境造成不良影响，因此，使用时要求考虑周围环境因素。

（九）振冲法

振冲法是一种不添加砂石材料的振冲挤密法，一般宜用于0.75 mm以上颗粒占土体20%以上的砂土，而添加砂石材料的振冲挤密法宜用于粒径小于0.005 mm的黏粒含量不超过10%的粉土和砂土。

（十）挤密碎石桩法

挤密碎石桩法适用于松散的非饱和黏性土、杂填土、湿陷性黄土、疏松的砂性土。对饱和软黏土应慎重使用。

二、软土路基施工方法

（一）抛石挤淤施工

第一，抛石挤淤应按设计要求或监理工程师的要求进行。

第二，应选用不易风化的片石，片石厚度或直径不宜小于300 mm。

第三，当软土地层平坦，软土呈流动状时，填土应沿路基中线向前成三角形方式投放片石，再逐次向两侧全宽范围扩展，使泥沼或软土向两侧挤出。当软土地层横坡陡为1∶10时应自高侧向低侧抛投，并在低侧边部多抛填，使低侧边部约有2 m的平台。

第四，片石抛出软土面或抛出水面后，应用较小石块填塞垫平，用重型压路机压实。

（二）垫层施工

垫层处置施工通常用于松软过湿的表面，采用排水、铺设填料或以掺加剂加固使地表层强度增加，防止地基局部剪切变形，从而保证重型机械通行，又使填土荷载均匀分布在地基上。

垫层材料宜采用无杂物的中、粗砂，含泥量应不小于5%；也可采用天然级配型砾料，其最大粒径应小于50 mm，砾石强度应不低于四级。

垫层应分层摊铺压实，碾压到规定的压实度。垫层宽度应宽出路基边角500～1 000 mm，两侧宜用片石护砌或采用其他方式防护。垫层采用砂砾料时，应避免粒料离析。在软湿路基上铺以0.3～0.5 m厚度的排水层，有利于软湿表层的固结，并形成填土的底层排水，在一定程度上能提高地基强度，使施工机械可以通行。碎石、岩渣垫层的一般厚度为0.4 m左右，并铺设单层或双层土工织物或土工网格，有利于均匀支撑填土荷载，提高地基承载力，减少地基的沉降量。掺合料垫层是利用掺合料（石灰、水泥、土、加固剂）以一定剂量混合在填料土中，可改变地基的压缩性和强度特性，从而保证施工机械的通行。垫层大部分松散，应进行大范围或全部防护。

（三）袋装砂井施工

第一，袋装砂井施工工艺流程为以下步骤：①施工设备的准备。此工序包括整平施工场地、机具配备、砂料和砂袋以及成孔用的套管、桩尖等一系列准备工作的完成，并对井孔定位放样经过复核无误。②沉入套管。将带有可开闭底盖的套管或带有预制桩尖的套管（内径略大于砂袋直径）按井孔定位沉入要求的深度。③袋子灌砂压重沉放管内，扎好砂袋（袋长比井深约长2 m）下口后，在其下端放入20 cm左右高的砂子作为压重，将袋子放入套管中沉入要求的深度。如不能沉至要求深度，会有一部分拖留在地面，此时须作排泥处理，直至砂袋沉达预定深度。④就地填砂入袋成井。将袋口固定在装砂用的漏斗上，通过振动将砂填满袋中，卸下砂袋，拧紧套管上盖，然后一边把压缩空气送进套管，一边提升套管至地面。⑤用预制砂袋沉放，也可采用预先在袋内装满砂料，扎好上口，成为预制砂袋，运往现场，弯成圆形，成圈堆放，成孔后将砂袋立即放入孔内。

第二，袋装砂浆的成孔方法可根据机械设备条件进行比较选择。专用的施工设备一般为导管式的振动打设机械，只是在进行方式上有差异。成孔的施工方法有五种，即锤击沉入法、射水法、压入法、钻孔法及振动贯入法等。

（四）塑料排水板施工

第一，塑料排水板是由芯体和滤套组成的复合体，或是由单一材料制成的多孔管道板带（无滤套）。

芯板是由聚乙烯或聚丙烯加工而成的多孔管道或其他形式的板带，应具有足够的抗拉强度和垂直排水能力。其抗拉强度不应小于130 N/cm；当周围土体压力在15 m深度范围内不大于250 kPa或在大于15 m范围不大于350 kPa条件下，其排水能力应不低于30 cm^3/s。芯板应具有耐腐性和足够的柔性，保证塑料排水板在地下的耐久性并在土体固结变形时不会被折断或破裂。

滤套一般由无纺织物制成，应具有一定的隔离土颗粒和渗透功能，应等效于0.025 mm孔隙，其最小自由透水表面积宜为1 500 cm^2/m，渗透系数应不小于5×10^{-3} cm/s。

第二，施工机械。主要机具是插板机，基本上可与袋装砂井打设机具共用，只是将圆形套，管换成矩形套管。对振动打设工艺、锤击振力大小，可根据每次打设根数、导管断面大小、入土长度和地基均匀程度确定。

第三，施工质量要求为以下几点：①施工现场堆放的塑料排水板盘带应加以适当覆盖，以防暴露在空气中老化。②插入过程中导轨应垂直，钢套管不得弯曲，透水滤套不应被撕破和污染；排水板底部应有可靠的锚固措施，以免拔出套管时将芯板带出。③塑料排水板留出孔口长度应保证伸入砂垫层不小于50 cm，使其与砂垫层贯通；并将其保护好，以防机械、车辆进出时受损，影响排水效果。④塑料排水板搭接应采用滤套内平接的方法，芯板对扣，凹凸对齐，搭接长度不少于20 cm；滤套包裹，用可靠措施固定。⑤施工中防止泥土等杂物进入套管中，一旦发现须及时清除。

第六节 路基防护与支护施工

公路路基在水流、波浪、雨水、风力及冰冻等自然因素影响下，可能导致边坡坍塌、路基损坏等病害。为保证路基稳定，除做好排水设施外，还必须根据当地条件，因地制宜地采用经济合理的防护、支挡措施。

路基防护与支挡工程按其作用不同,可以分为坡面防护、冲刷防护和支挡构造物防护三大类。一般把防止冲刷和风化,主要起隔离作用的措施称为防护工程;把防止路基或山体因重力作用而坍滑,主要起支撑作用的支挡结构物称为支挡工程。

一、坡面防护

坡面防护主要是保护路基边坡表面,以免受到降水、日照、气温、风力等作用的破坏,从而提高边坡的稳固性,在一定程度上还可美化路容。坡面防护设施一般不承受外力作用,要求坡体本身已经稳定。常用的坡面防护设施有植物防护和工程防护。

(一)植物防护

植物防护的方法主要是在适于植物生长的路基土质边坡上种草、铺草皮和植树,利用植被覆盖坡面,其根系固结表土,从而防止水土流失,调节坡体湿度和温度,确保边坡稳定,并且具有绿化道路和保护环境的作用。植物防护是一种常用的坡面防护方法,主要有种草、铺草皮、植树等形式。

(二)工程防护

工程防护适用于不宜草木生长的陡坡面,采用砂石、水泥、石灰等矿质材料进行护面,一般采用抹面、捶面、喷浆、喷射混凝土、锚杆、勾缝灌缝砌石护坡及护面墙防护等。

二、冲刷防护

冲刷防护主要针对水流对路基的破坏作用而设,有防水治害和加固边坡堤岸的双重功效。冲刷防护设施,有直接防护和间接防护两类。

(一)直接防护

直接防护设施主要有植物防护、砌体护坡、抛石防护、石笼防护四种。

(二)间接防护

为防护与加固路基,除各种直接防护措施外,根据堤岸水流情况和实际需要还可在必要的条件下,采取丁坝、顺坝等导治结构物的间接措施,改变水流，用以消除和减缓水流对堤岸的直接破坏，同时可促使堤岸近旁缓速淤积，起到安全保护作用。

修建导治结构物主要是设坝，按其与河道的相对位置，一般可分为丁坝、顺坝或格坝。

1.丁坝

丁坝适用于宽浅变迁性河段，用以挑流或降低流速，减轻水流对河岸或路基的冲刷。丁坝长度应根据防护长度、丁坝与水流方向的交角、河段地形、水文条件及河床地质情况等确定，垂直于水流方向上的投影长度不宜超过稳定河床宽度的1/4。

用于路基防护的丁坝宜采用漫水坝或潜坝，丁坝与水流方向的交角以≤90°为宜。当设置群坝时，坝间距离不应大于前坝的防护长度。丁坝间的河岸或路基边坡所能承受的容许流速小于水流靠岸回流流速时，应缩短坝距或对河岸及路基边坡采取防护措施。

2.顺坝

顺坝适用于河床断面较窄、基础地质条件较差的河岸或沿河路基防护，用于调整水流曲度和改善流态。顺坝与上、下游河岸的衔接应使水流顺畅，起点应选择在水流匀顺的过渡段，坝根位置宜设在主流转向点的上方。

三、支挡建筑物防护

这里仅介绍路基挡土墙防护。

当路基边坡有可能不稳定时，需将边坡放缓，但可能造成占地面积过大，过分增大路基填方数量，这时可采用一定的支挡构造物来支撑路基，以保持路基的稳定性。

（一）挡土墙分类

挡土墙的类型可按照其设置位置划分，也可按照其结构形式和材料组成划分。

1.按照其设置的位置划分

按照在路基工程中所设置的位置，挡土墙分为路肩墙、路堤墙和路堑墙等。

2. 按照结构构造形式和受力特点划分

按照结构构造形式和受力特点，挡土墙可以分为重力式挡土墙、锚碇板挡土墙、加筋土挡土墙、钢筋混凝土挡土墙和垛式挡土墙等。重力式挡土墙是最常用的挡土墙，它主要采用挡土墙施工石块砌筑而成。

3. 按照挡土墙的墙体材料划分

按照挡土墙的墙体材料，挡土墙可分为石砌挡土墙、混凝土挡土墙、钢筋混凝土挡土墙和钢板挡土墙等。

（二）重力式挡土墙

1. 重力式挡土墙的构造

重力式挡土墙一般由墙身、基础、排水设施和沉降伸缩缝等几部分组成。

（1）墙身

墙背。根据墙背倾斜方向的不同，墙背断面形式可分为仰斜、垂直、俯斜、凸形折线式和衡重式等。

墙面。一般为平面，其坡度取决于墙背坡度和墙趾处地面的横坡度。

墙顶。重力式挡土墙可采用浆砌或干砌。墙顶最小宽度，浆砌时应不小于50 cm，干砌时应不小于60 cm。干砌挡土墙的高度一般不宜大于6 m。浆砌挡土墙顶应用砂浆抹平，或用较大石块砌筑，并勾缝。干砌挡土墙顶部50 cm厚度内宜用砂浆砌筑，以求稳定。

护栏。在地形险峻地段的路肩墙或墙顶高出地面6 m以上，且连续长度大于20 m的路肩墙，或弯道处的路肩墙的墙顶应设置护栏等防护设施。

（2）基础

基础类型。挡土墙大多数都是直接砌筑在天然地基上的浅基础。当地基承载力不足且墙趾处地形平坦时，为减少基底应力和增加抗倾覆稳定性，常将墙趾部分加宽成台阶，或墙趾墙踵同时加宽，形成扩大的基础。

基础埋置深度。挡土墙基础应视地形、地质条件埋置足够的深度，以保证挡土墙的稳定性。设置在土质地基上的挡土墙，基底埋置深度应符合下列要求：①一般应在天然地基下不小于1 m；②受冲刷时，应在冲刷线下不小于1 m；③冻胀土层中的基础应设在冰冻线以下不小于0.25 m处。

挡土墙基础设置在岩石上时，应清除表面风化层；基础嵌入基岩深度不应小于0.15 ~ 0.6 m。墙前地面倾斜时，墙趾前应留有足够的襟边宽度，以防地基剪切破坏,襟边宽度可取嵌入深度的2～3倍。

(3)排水设施

浆砌挡土墙应根据渗水量在墙身的适当高度处布置泄水孔,泄水孔尺寸和间距应符合设计要求。最下排泄水孔的底部应高出地面0.3 m;当为路堑墙时,出水口应高出边沟水位0.3 m。为防止水分渗入地基,在最下一排泄水孔的底部应设置30 cm厚的黏土防水层,在泄水孔进口处应设置粗粒料反滤层,以避免堵塞孔道。干砌挡土墙因墙身透水可不设泄水孔。

(4)沉降伸缩缝

在挡土墙中通常把沉降缝与伸缩缝合并在一起,统称为沉降伸缩缝。挡土墙应每隔10～15 m设置一道沉降伸缩缝,缝宽一般为2～3 cm。浆砌挡土墙的沉降伸缩缝内可用沥青麻筋或沥青木板等材料,沿墙内、外、顶三边填塞,填深不宜小于15 cm。当墙背为填石且冻害不严重时,可仅留空隙,不嵌填料。对于干砌挡土墙,沉降伸缩缝两侧应选平整石块砌筑,使其形成垂直通缝。

2.施工技术要求

由于挡土墙的种类不同,其施工方法主要有浆砌片石和干砌片石。这里仅就浆砌片石挡土墙施工做一下介绍。

(1)准备工作

浆砌前应做好一切准备工作,包括工具配备、按设计图纸检查和处理基底、放线、安放脚手架与跳板等施工设施、清除砌石上的尘土与泥垢等。

(2)材料要求

石片应经过挑选,选取质地均匀、无裂缝、不易风化的片石。抗压强度不低于25 MPa,在地震及严寒地区不应低于30 MPa。石片应具有两个大致平行的面,其厚度不宜小于15 cm,其中一条边长不小于30 cm,体积不小于0.01 m^3。砌筑时,如用小石片垫平、垫稳,可不受此限制。

砂浆一般用水泥、砂和水拌和而成,也可用水泥、石灰、砂和水拌和,或石灰、砂和水拌和而成,它们分别称为水泥砂浆、混合砂浆和石灰砂浆。砂浆强度必须符合设计要求,一般不低于M5。勾缝用砂浆应比砌筑砂浆高一等级。一般情况下,砂浆稠度应保证手捏成团,松手后不松散。水泥砂浆的水灰比应控制在0.6～0.7。

(3)砌筑顺序

以分层进行为原则。底层极为重要,它是以上各层的基础,若底层质量不符合要求,则会影响以上各层。较长的砌体除分层砌筑外,还应分段砌筑,两相邻段的砌筑高差不应超过1.2 m,分段处宜设在沉降伸缩缝的位置。分层砌筑时,应先砌角石,后砌边石或面石,最后才填腹石。

(4)砌筑工艺

浆砌原理是利用砂浆胶结片石,使之成为整体而组成人工构筑物,常用坐浆法和挤浆法等。

坐浆法又叫铺浆法。砌筑时先在下层砌体面上铺一层厚薄均匀的砂浆,压下砌石,借石料自重将砂浆压紧,并在灰缝上加以必要的插捣和用力敲击,使砌石完全稳定在砂浆层上,直至灰缝表面出现水膜。

挤浆法除基底为土质的第一层砌体外,每砌一块石料,均应先铺底浆,再放石块,经左右轻轻揉动几下后,再轻击石块,使灰缝砂浆被压实。在已砌筑好的石块侧面安砌时,应在相邻侧面先抹砂浆,后砌石,并向下及侧面用力挤压砂浆,使灰缝挤实,砌体被贴紧。

(5)砌筑要求

砌体外圈定位行列与转角石应选择表面较平、尺寸较大的石块,浆砌时,长短相间并与里层石块咬紧,上下层竖缝错开,缝宽不大于4 cm,分层砌筑应将大块石料用于下层,每处石块形状及尺寸应合适。竖缝较宽者可塞以小石子,但不能在石下用高于砂浆层的小石块支垫。排列时应将石块交错,坐实挤紧,尖锐凸出部分应敲除。

(6)砌缝要求

错缝是砌体在段间、层间的垂直灰缝应互相交错,压叠成不规则的灰缝,它们相互间距离和每段上、下层及段间的垂直距离不小于8 cm。

通缝是指砌体的水平灰缝。这是砌体受力的薄弱环节,受剪、抗拉、受扭的能力极差,砌体最容易在此被损坏。砌体对通缝要求较高,不仅要求砂浆饱满密实,成缝时还不允许有无缝、瞎缝和大缝。

勾缝有平缝、凹缝和凸缝等。勾缝具有防止有害气体和风、雨、雪等侵蚀砌体内部,延长构筑物使用年限及装饰外形等作用。在设计无特殊要求时,勾缝宜采用凸缝或平缝。勾缝宜用1:1.5~1:2的水泥砂浆,并应嵌入砌缝内约2 cm。勾缝前应先清理缝槽，用水冲洗湿润，勾缝应保持砌后的自然缝，不应有瞎缝、丢缝、裂纹和粘结不牢等现象。

路基施工是道路施工的重要组成部分，掌握好路基施工的基本方法是工程技术人员的基本技能，并有助于把握路基施工的质量和做好施工组织与管理以及工程质量的检查验收与评定。

第三章 公路路面施工

第一节 半刚性基层材料

在路面结构中,将直接位于路面面层之下的主要承重层称为基层,铺筑在基层下的次要承重层称为底基层,但一般常将二者统称为基层。基层承受由面层传递而来的行车荷载应力作用,抵御环境因素的影响,是构成路面整体强度的主要组成部分,因此要求路面基层既应具有足够的强度,又应具有良好的水温稳定性和耐久性。根据材料组成及使用性能的不同,可将基层分为有结合料稳定类(包括有机结合料类和无机结合料类)和无结合料的粒料类。

一、半刚性基层分类

半刚性基层是用无机结合料与集料或土组成的混合料铺筑的、具有一定厚度的路面结构层。这类基层称为半刚性基层,具有整体性好、强度高、刚度大、水稳定性好、经济效益高等特点,是二级以上公路的主要基层类型。按结合料种类和强度形成机理的不同,半刚性基层分为水泥稳定类、石灰稳定类及工业废渣稳定类三种。

(一)水泥稳定类基层

水泥稳定类基层是在粉碎的或原来松散的集料或土中掺入适量的水泥和水,经拌和后得到的混合料通过压实及养生,当其抗压强度达到要求时所得到的结构层。可用水泥稳定的材料包括级配碎石、砂砾、未筛分碎石、砂砾土、碎石土、石屑、土等,经加工后性能稳定的钢渣、矿渣等也可用水泥来稳定。水泥稳定类基层具有较高的强度及刚度,适用于各种交通类别的公路路面基层和底基层,但水泥稳定细粒土(水泥土)助细料含量多、强度低、容易开裂,不应用作薄沥青混凝土面层的基层,只能用作底基层。在高速公路和一级公路的水泥混凝土路面板下也不应用水泥稳定细粒土做基层。

（二）石灰稳定类基层

石灰稳定类基层是在粉碎的或原来松散的集料或土中掺入适量的石灰和水，经拌和、压实及养生，当其抗压强度符合规定时得到的路面结构层。可用石灰稳定的材料包括细粒土、天然砂砾土、天然碎石土、级配砂砾、级配碎石和矿渣等。同时用石灰和水泥稳定某种集料或土时，称为石灰水泥综合稳定类基层。石灰稳定类适用于各级公路路面底基层，也可用作二级公路的基层。与水泥稳定细粒土一样，石灰稳定细粒土（石灰土）不能用作薄沥青混凝土面层的基层，在冰冻地区的潮湿路段及其他地区的过湿路段也不宜采用石灰土做基层或底基层。

（三）工业废渣稳定类基层

用一定数量的石灰与粉煤灰、水泥与粉煤灰或石灰与煤渣等混合料与其他集料或土配合，加入适量的水，经拌和、压实及养生后得到的混合料，当其抗压强度符合规定时即得到工业废渣稳定类基层。石灰粉煤灰稳定类包括石灰粉煤灰土、石灰粉煤灰砂砾、石灰粉煤灰碎石、石灰粉煤灰矿渣等。水泥粉煤灰稳定类包括水泥粉煤灰稳定砂砾、碎石及砂等。石灰煤渣类包括石灰煤渣、石灰煤渣碎石等。用工业废渣做路面基层，可大量利用各种工业废渣，减少占地，变废为宝，具有良好的经济效益和社会效益。工业废渣稳定类混合料适用于各级公路的基层，但石灰粉煤灰稳定细粒土（二灰土）与水泥稳定细粒土一样不应用作薄沥青混凝土面层的基层，而只能用作底基层。在高速公路和一级公路的水泥混凝土路面板下，也不应采用石灰粉煤灰稳定细粒土做基层。

二、材料质量要求

路面基层施工的目的，就是要保证路面在交付使用后不致因基层施工质量不符合要求而提早破坏。科学研究和工程实践证明，要铺筑满足质量要求的路面基层，必须使用质量符合要求的原材料，采用性能优良的施工机械和合理的施工工艺，在施工过程中实行科学的施工组织管理。使用质量符合要求的原材料及合理、正确的混合料组成设计是铺筑高质量路面基层的重要物质保证。因此，施工前应对组成半刚性基层的所有原材料进行质量检验，通过试验选择符合要求的原材料，然后进行配合比设计，在证明混合料强度和稳定性均符合要求后才能用于铺筑基层。

（一）原材料试验项目

进行混合料配合比设计前，抽取有代表性的原材料样品进行试验，以试验结果作为判定是否选用该种材料的主要技术依据。主要的试验项目有含水率测定，确定土及砂砾、碎石等集料的原始含水率；颗粒筛析，用筛分法分析砂砾、碎石等集料的颗粒组成情况，检验所用材料的级配是否符合要求，为集料配合比设计提供依据，液限和塑限试验，计算土的塑性指数并判定该种土是否适用，相对密度、吸水率试验，测定砂砾、碎石等粒料的相对密度与吸水率，评定其质量，计算固体体积率，压碎值试验，评定碎石、砂砾的抗压碎能力是否符合要求；有机质和硫酸盐含量试验，对土有怀疑时做该项试验，判断土是否适宜用石灰和水泥稳定；石灰有效氧化钙和氧化镁含量测定，确定石灰有效成分含量，评定石灰的质量，以便确定结合料剂量；水泥标号和终凝时间测定，确定水泥质量是否满足设计强度和施工时间要求，烧失量测定，确定粉煤灰、煤渣等是否适用；粉煤灰化学成分及细度，评定粉煤灰的质量。①

（二）原材料质量要求

1.集料和土

对集料和土的一般要求是能便于碾压成型，并应满足以下指标要求。

（1）液限和塑限

塑性指数小于10的土宜用水泥稳定，塑性指数大于15的土宜用石灰和水泥综合稳定。用工业废渣稳定土时，细粒土的塑性指数宜为12～20，其中，中、粗粒土应少含或不含高塑性土。

（2）颗粒组成

集料粒径对半刚性基层的路用性能影响很大。如果集料粒径过大，则在拌和、摊铺混合料时难以达到均匀，容易出现离析现象，密实度、平整度不易达到要求。如果集料粒径过小，则基层刚度不足，而且集料比表面积的增加会使结合料用量增加，使工程投资增大。用半刚性材料做底基层时，集料最大粒径不应超过50 mm；做基层时，最大粒径不超过40 mm。用水泥稳定类混

①崔戌秋．半刚性基层结构及材料性能发展规律研究[D]．南京：东南大学，2019.

合料做基层时，土的均匀系数（集料通过率为60%的筛孔与通过率为10%的筛孔尺寸的比值）应大于5，一般选用均匀系数大于10的土。

（3）压碎值

用于半刚性基层的碎石、砾石应具有足够的抗压碎能力。高速公路和一级公路的半刚性基层集料压碎值不应大于30%，用于其他公路的集料压碎值不应大于35%（底基层可放宽到40%）。

（4）硫酸盐及腐殖质

用水泥做结合料时，土中硫酸盐含量不应超过0.25%，有机质含量不应超过2%；超过上述规定时，不应单纯用水泥稳定，可先用石灰与土混合均匀，闷料一昼夜后再用水泥稳定。用工业废渣稳定土时，土中硫酸盐含量不应超过0.8%，有机质含量不应超过10%。

2. 无机结合料

常用的无机结合料为水泥、石灰、粉煤灰及煤渣等。

（1）水泥

硅酸盐水泥、普通硅酸盐水泥、矿渣硅酸盐水泥和火山灰质硅酸盐水泥均可用于稳定集料和土。为了有充裕的时间组织施工，不应使用快硬水泥、早强水泥或受潮变质的水泥，应选用终凝时间较长（6 h以上）的水泥。

（2）石灰

石灰质量应符合三级以上消石灰或生石灰的质量要求。准备使用的石灰应尽量缩短存放时间，以免有效成分损失过多。若存放时间过长则应采取措施妥善保管。

（3）粉煤灰

粉煤灰的主要成分是SiO_2、Al_2O_3和Fe_2O_3，三者总含量应超过70%，烧失量不应超过20%；若烧失量过大，则混合料强度将明显降低，甚至难以成型。干湿粉煤灰均可使用，但湿粉煤灰含水率不宜超过35%；干粉煤灰露天堆放时应洒水湿润，防止随风飞扬造成污染。使用时结团的灰块应打碎或过筛，并清除有害杂质。

（4）煤渣

煤渣是煤燃烧后的残留物，主要成分是SiO_2和Al_2O_3，松干密度为700～1 000 kg/m^3，最大粒径不应大于30 mm，颗粒组成以有一定级配为佳。

3. 水

一般人、畜饮用水均可使用。

三、混合料组成设计

(一)设计目的

半刚性基层的混合料必须具有足够的强度、良好的水温稳定性和耐久性,为便于施工,还应具有适宜的施工和易性。为达到这一目的,应在经济适用的原则下进行混合料配合比设计,即以设计文件和施工技术规范规定的混合料强度为设计标准,通过试验选择最适宜、稳定的集料或土,确定结合料剂量和混合料最佳含水率。设计得到的参数和试验结果是检查和控制施工质量的重要依据。

(二)混合料试验

混合料的物理力学指标必须经过相关试验来测定,以试验结果作为评定混合料质量的主要依据。

1. 重型击实试验

试验用击实仪进行,目的是确定混合料的最佳含水率和最大干密度。试验结果一方面用于控制强度试验和耐久性试验的混合料含水率和干密度,另一方面作为检验混合料压实度是否达到要求的标准。

2. 承载比试验

承载比试验用路面材料强度测试仪进行,目的是测试工地预期干密度下混合料的承载比,以试验结果评定混合料的承载能力是否满足路面基层或底基层的要求。

3. 抗压强度试验

抗压强度是评定混合料质量的重要技术标准、用路面材料强度测试仪测试。进行半刚性基层混合料组成设计时,通过测试混合料的无侧限抗压强度,选定最适宜用结合料稳定的基料或土,确定结合料剂量,为工地提供施工质量评定标准。

除上述试验外,路面结构设计时还需要测试半刚性基层材料的劈裂强度等。

(三)混合料组成设计的步骤

半刚性基层混合料的配合比设计过程为:首先通过前述有关试验,检验拟采用的结合料、集料和土的各项技术指标,初步确定适宜的原材料。其次是确定混合料中各种原材料所占比例,制成混合料后通过击实试验测定最大干密度和最佳含水率,并在此基础上进行承载比试验和抗压强度试验。

1.制备混合料

试验前先制备一种集料或土、不同结合料剂量的混合料。所谓结合料剂量是结合料质量占全部集料的百分比。剂量过低时,混合料将难以形成半刚性材料,其强度将难以抵抗行车荷载产生的应力;剂量过高时,混合料会由于刚度过大而容易出现开裂现象,同时也不经济。

2.击实试验

通过击实试验确定各种混合料的最佳含水率和最大干密度。试验时每一种土样至少做三种不同结合料剂量的混合料进行试验,即结合料最小剂量、中间剂量和最大剂量。其他剂量混合料的最佳含水率和最大干密度用内插法求得。

3.强度试验

首先制备抗压试验试件,混合料取最佳含水率,干密度由工地预定达到的压实度与最大干密度确定。如果试验结果的偏差系数大于规定值,应分析原因并重新试验,不能降低偏差系数时,应追加试验数量,以便获得客观、准确的试验结果。试件成型后在规定的温度(非冰冻地区为25 ℃,冰冻地区为20 ℃)下养生6 d、浸水1 d后进行无侧限抗压强度试验,计算试验结果的平均值和标准差,计算公式如下。

$$R = \frac{1}{n}\sum_{i=1}^{n} R_i \tag{3-1}$$

$$C_r = \frac{\sigma}{R} \tag{3-2}$$

式中:R指混合料所测强度平均值;R_i指各测定强度值;n指试验样本数;C_r指偏差系数;σ指试验结果标准差。

4.确定结合料剂量

所选定结合料剂量的混合料室内抗压强度平均值R应符合下列条件。

$$R \geq \frac{R_d}{1 - Z_a C_v} \quad (3-3)$$

式中：R_d指混合料设计抗压强度；C_v指试验结果变异系数，以小数计；Z_a为随保证率而变的系数。

对满足以上条件的混合料组成方案，应进行工程经济分析，在技术经济合理的原则下确定最佳方案。

第二节 半刚性基层施工

半刚性基层的混合料可在拌和厂（场）集中拌和，也可沿路拌和，故施工方法有厂拌法和路拌法之分。高速公路和一级公路的半刚性基层对强度、平整度等技术性能有很高的要求，应采用施工质量好、进度快的厂拌法施工；其他公路的半刚性基层可用路拌法施工。

一、铺筑试验路

高速公路和一级公路或使用新技术、新材料及新工艺的半刚性基层，在大面积施工前，应先铺筑一定长度的试验路。通过试验路的铺筑，施工单位可进行施工工艺的优化，找出施工过程中存在的主要问题，取得实现成功施工的经验，为大面积基层的铺筑确定合适的施工方法，同时还可检验拌和、运输、碾压、养生等施工设备的可靠性。根据试验路铺筑的具体情况，制定合理可行的施工组织计划，检验铺筑的半刚性基层质量是否符合设计和规范要求，并提出质量控制措施。此外，设计和建设单位也可对试验路的实际使用效果进行分析，对所设计的路面结构形式、混合料组成设计、基层的路用性能等一系列指标进行再次论证。从而优选出经济、适用的路面结构方案，并确定最终采用的基层类型及混合料配合比。

二、厂拌法施工

厂拌法施工是在中心拌和厂（场）用强制式拌和机、双转轴桨叶式拌和机等拌和设备将原材料拌和成混合料，然后运至施工现场进行摊铺、碾压、养生等工序作业的施工方法。无拌和设备时，也可用路拌机械或人工在现场分批集中拌和;之后再进行其他工序的作业。厂拌法施工前,应先调试用于拌和、摊铺、碾压等工序的设备,使之处于良好的工作状态。拌和前应进行适当的试拌,使大量拌和的混合料组成符合设计要求。

(一)下承层准备与施工放样

半刚性基层施工前应对下承层(底基层或土基)按施工质量验收标准进行检查验收,验收合格后方可进行基层施工。下承层应平整、密实,无松散和“弹簧”等不良现象,并符合设计高程、横断面宽度等几何尺寸要求。注意采取措施做好基层施工的临时排水工作。

施工放样主要是恢复路中线,在直线段每隔 20 m、曲线段每隔 10 ~ 15 m 设一中桩,并在两侧路肩边缘设置指示桩,在指示桩上明显标记出基层的边缘设计高程及松铺厚度的位置。

(二)备料

半刚性基层的原材料应符合质量要求。料场中的各种原材料应分别堆放,不得混杂。运到料场的水泥应防雨防潮,准备使用的石灰应提前洒水,使石灰充分消解。石灰和粉煤灰过干会随风飞扬而造成污染,过湿又会成团而不便于施工,因此应适时洒水或设遮雨棚,使之含有适宜的水分。在潮湿多雨地区施工时,需采取有效措施使细粒土、结合料免受雨淋。

(三)拌和与摊铺

拌和时应按混合料配合比要求准确配料,使集料级配、结合料剂量等符合设计要求,并根据原材料实际含水率及时调整加入拌和机内的水量。水泥稳定类和工业废渣稳定类混合料的含水率可比最佳含水率大 1% ~ 2%,而石灰稳定类混合料的含水率可比最佳含水率小 1% ~ 2%,这样可获得较好的压实效果。①

拌和好的水泥稳定土混合料和水泥石灰稳定土混合料应尽快运到施工现场摊铺并碾压成型,以免因时间过长而使混合料强度损失过大。工业废渣稳定类混合料在 24 h 内进行摊铺碾压即可。运输混合料的距离较长时,应用篷布等覆盖混合料以免水分损失过大。

高速公路和一级公路的半刚性基层应用沥青混合料摊铺机、水泥混凝土

①李涛. 干线公路大厚度半刚性基层施工技术研究[D]. 长沙:中南林业科技大学,2018.

摊铺机或专用稳定土摊铺机摊铺，这样可保证基层的强度及平整度、路拱横坡、高程等几何外形质量指标符合设计和施工规范要求。摊铺过程中应设专人跟随摊铺机行进，以便随时消除粗、细集料严重离析的部位。应严格控制基层的厚度和高程，禁止用薄层贴补的办法找平，确保基层的整体承载能力。拌和机与摊铺机的生产能力应相互协调，避免出现机械停工待料和生产能力不足的问题。

（四）碾压

碾压是使半刚性基层获得强度和稳定性的关键工序。摊铺整平的混合料应立即用12 t以上的振动压路机、三轮压路机或轮胎压路机碾压。必须分层碾压时，最小分层厚度不应小于10 cm。碾压时应遵循先轻后重的次序安排各型压路机，以先慢后快的方法逐步碾压密实。在直线段由两侧向路中心碾压，在平曲线范围内由弯道内侧逐步向外侧碾压。碾压过程中若局部出现“弹簧”、松散、起皮等不良现象时，应将这些部位的混合料翻松，重新拌和均匀再碾压密实。

水泥稳定类混合料从开始加水拌和到碾压完毕的时间称为延迟时间。混合料从开始拌和到碾压完毕的所有作业必须在延迟时间内完成，以免混合料的强度达不到设计要求。厂拌法施工的延迟时间为2 h。

（五）养生与交道管制

半刚性基层碾压完毕，应进行保温养生，养生期不少于7 d。水泥稳定类混合料在碾压完成后立即开始养生，石灰或工业废渣稳定类混合料可在碾压完成后3 d内开始养生；养生期内应使基层表面保持湿润或潮湿，一般可洒水或用湿砂、湿麻布、湿草帘、低黏质土覆盖，基层表面还可采用沥青乳液做下封层进行养生。水泥稳定类混合料需分层铺筑时，下层碾压完毕，待养生1 d后即可铺筑上层；石灰或工业废渣稳定类混合料需分层铺筑时，下层碾压完即可进行铺筑，下层无须经过7 d养生。养生期间应尽量封闭交通，若必须开放交通时，应限制重型车辆通行并控制行车速度，以减少行车对基层的扰动。

三、路拌法施工

路拌法施工是将集料或土、结合料按一定顺序均匀平铺在施工作业面上，用路拌机械拌和均匀并使混合料含水率接近最佳含水率。随后进行碾压等工序的作业。路拌法施工的流程为：下承层准备—施工测量—备料—摊铺—拌和—整形—碾压—养生。其中，下承层准备、施工测量、碾压及养生的施工方法和要求与厂拌法施工相同。

路拌法施工时，备料在准备完毕的下承层上进行。首先根据铺筑层的宽度、厚度及预定达到的干密度计算各施工段所需干集料的数量。其次是根据混合料的配合比、原材料含水率及运输车辆的吨位计算各种原材料每车的堆放距离；对于水泥、石灰等结合料，当以袋（或小翻斗车）为计量单位时，应计算每计量单位结合料的堆放距离。这样分层堆放的原材料经摊平、拌和后得到的混合料更容易符合规定的配合比要求。

通常先堆放集料或土，用自动平地机等适合的机械或人工按铺筑试验路确定的松铺系数摊铺均匀，然后按上述计算结果堆放结合料并摊平，摊铺应使混合料层厚度均匀。摊铺完毕，用稳定土拌和机、农用旋耕机或多铧犁进行拌和，拌和深度应达到稳定层底部，略扰动下承层，使基层与下承层结合良好。在拌和过程中，应设专人跟随拌和机进行，以便随时调整拌和深度并检查拌和质量。混合料应充分拌和均匀，严禁在拌和层底留有“素土”或夹层，否则会严重影响稳定层的强度和稳定性。拌和时应适时检查混合料的含水率，若含水率不符合设计要求，应通过自然蒸发或补充洒水，使之处于最佳值，并再次拌和均匀。

混合料拌和均匀后，立即用平地机初平、整型。在直线段，平地机由两侧向路中心刮平；在曲线段，平地机由内侧向外侧刮平。初平后，用拖拉机、平地机或轮胎式压路机快速碾压1～2遍，使可能的不平整部位暴露出来，再用平地机整型，如此反复1～2遍。整形过程中要及时消除集料离析现象，特别是粗集料集中的部位。低洼处应用齿耙将距表面5 cm深度范围内的混合料耙松，再用新拌和的混合料找平。初步整形后，应检查混合料松铺厚度，并进行必要的补料和减料。碾压作业与厂拌法施工相同。碾压结束前，用平地机再最终找平一次，使基层纵向顺适，路拱、超高、高程等符合设计要求。特别要将高出部分刮除并扫出路外，以保证上层路面结构的有效厚度。

四、施工应注意的问题

(一)施工季节

半刚性基层宜在春末或夏季组织施工。施工期间的最低气温应在5 ℃以上;在冰冻地区,应保证在结冻前有一定成型时间,即在第一次重冰冻(-3 ~ -5 ℃)到来之前的半个月到一个月(水泥稳定类)或一个月到一个半月(石灰、工业废渣稳定类)完成。若不能达到上述要求,则碾压成型的半刚性基层应采取覆盖措施,以防止冻融破坏。多雨地区应避免在雨季施工石灰土结构层。雨季施工水泥稳定土或石灰稳定土、粗粒土时,应特别注意气候变化,采取措施避免结合料或混合料遭雨淋。降雨时应停止施工,及时排除地表水,使运到路上的材料不过分潮湿。已经摊铺的混合料应尽快碾压密实。

(二)接缝及“掉头”处的处理

无论用厂拌法还是路拌法施工,均应尽量减少横向接缝和纵向接缝,必须设置接缝时应妥善处理。对于水泥稳定类基层,同一天施工的两个作业段衔接处应搭接拌和,即前一段拌和后留下5 ~ 8 m长的混合料不碾压,待后一段施工时,在前一段未碾压的混合料中加入水泥,并拌和均匀。每一工作日的最后一段水泥稳定类基层完工后,应将末端设置成垂直断面,以保证接缝处有良好的传荷能力。对于石灰稳定类和工业废渣稳定类基层,同一天施工的两作业段衔接处可按前述方法处理,但不再添加结合料。施工过程中出现的纵向接缝应设置成垂直接缝,接缝区的混合料应充分碾压密实。

拌和机等施工机械不应在已碾压成型的稳定类基层上“掉头”,制动或突然启动。若必须进行这些操作时,应采取有效的措施保护基层。

(三)水泥稳定类混合料基层施工作业段长度的确定

确定水泥稳定类混合料基层的施工作业段长度应考虑水泥的终凝时间、延迟时间、工程质量要求、施工机械效率及气候条件等因素。延迟时间宜控制在3 ~ 4 h内,不得超过水泥的终凝时间。在保证混合料强度符合要求的前提下,尽可能增长施工作业段长度。为此,水泥稳定类基层应采用流水作业法组织施工,使各工序紧密衔接,尽可能缩短延迟时间以增加施工流水段长度。一般条件下,每作业段长度以200 m为宜。

第三节 粒料类基层施工

粒料类基层是由有一定级配的矿质集料经拌和、摊铺、碾压后，当强度符合规定时得到基层。按强度形成原理的不同，矿质集料分为嵌挤型和密实型两种类型。嵌挤型粒料包括泥结碎石、泥灰结碎石、填隙碎石等，这种基层的强度靠颗粒之间的摩擦和嵌挤锁结作用形成。密实型粒料具有连续级配，故也称级配型基层，材料包括级配碎(砾)石、符合级配要求的天然砂砾等。

一、粒料类基层及其材料质量要求

(一)级配碎石基层

级配碎石基层由粗、细碎石和石屑各占一定比例、级配符合要求的碎石混合料铺筑而成。级配碎石基层适用于各级公路的基层和底基层，还可用作较薄沥青面层与半刚性基层之间的中间层，起减轻和消除半刚性基层开裂对沥青面层影响的作用，避免出现反射裂缝。

级配碎石基层的强度主要由碎石颗粒间的密实、填充作用形成，对碎石颗粒的强度要求很高。碎石的压碎值应符合以下要求：高速公路和一级公路基层，不大于26%；高速公路和一级公路底基层、二级公路基层，不大于30%；二级公路底基层及二级以下公路基层，不大于35%，二级以下公路底基层，不大于40%。石屑和其他细集料可以用碎石场的筛余细料、专门轧制的细碎石集料、天然砂砾等。若级配碎石中所含细料的塑性指数偏大，则塑性指数与0.5 mm以下细料含量的乘积应符合以下要求：年降雨量小于600 mm的中干和干旱地区，地下水对土基无影响时，该乘积不大于120；在潮湿多雨地区、该乘积不大于100。

(二)级配砾石基层

级配砾石基层是用粗、细砾石和砂按一定比例配制的混合料铺筑的、具有规定强度的路面结构层，适用于二级及二级以下公路的基层及各级公路底基层。级配不符合要求的可用其他粒料掺配，达到规定的级配后同样可作为级配砾石基层，塑性指数在6(潮湿多雨地区)或9(其他地区)以下的天然砂砾可直接用作基层。对于细料含量较多的砾石，可先筛除部分细料后再使用。

塑性指数偏大的可掺加少量石灰或无塑性砂土。级配砾石颗粒的级配曲线应连续圆滑。当塑性指数偏大时，塑性指数与5 mm以下细土含量的乘积应符合与级配碎石相同的规定。级配砾石的压碎值应符合下列要求：高速公路及一级公路底基层或二级公路基层，不大于30%；二级公路底基层或二级以下公路基层，不大于35%；二级以下公路底基层，不大于40%。

(三)填隙碎石基层

填隙碎石基层是用单一尺寸的粗碎石作主骨料，用石屑作填隙料铺筑而成的结构层。填隙碎石适用于各级公路的底基层和二级以下公路的基层。填隙碎石基层以粗碎石作嵌锁骨架。石屑填充于粗碎石间的空隙中，使密实度增加，从而提高强度和稳定性。当缺乏石屑时，可用细砂砾或粗砂替代。粗碎石应用坚硬的各类岩石或漂石轧制而成，压碎值应符合下列规定：用作基层，不大于26%；用作底基层，不大于30%。若抗压碎能力不能满足上述要求，则填隙碎石基层的整体强度将难以得到保证。①

二、级配碎(砾)石基层和填隙碎石基层施工

(一)级配碎(砾)石基层施工

级配碎(砾)石基层大都采用路拌法施工，施工次序为：准备下承层—施工放样—运输和摊铺主集料—运输和摊铺掺配集料—洒水拌和—整形—碾压—做封层。采用集中厂拌法施工，施工次序为：准备下承层—施工放样—混合料拌和与摊铺—整型—碾压—做封层。下承层准备与施工放样按半刚性基层施工的方法和要求进行，运输和摊铺集料是确保级配碎(砾)石基层施工质量的关键工序之一，通过准确配料、均匀摊铺可使碎(砾)石混合料具有规定的级配，从而达到规定的强度等技术要求。施工时根据拟定的混合料配合比、基层宽度与厚度及预定达到的干密度等计算确定各规格集料的用量，以先粗后细的顺序将集料分层平铺在下承层上，然后用人工或平地机进行摊平；级配碎(砾)石混合料可用稳定土拌和机、自动平地机、多铧犁与缺口圆盘耙相配合拌和，拌和应均匀，避免出现集料离析现象，确保级配碎(砾)石基层具有良好的整体强度。应边拌和边洒水，使混合料达到最佳含水率。混合料

①谷绪才，李丹. 浅谈水稳粒料基层施工技术[J]. 公路，2017(62)：48-51.

拌和均匀即可按松铺厚度摊平，级配碎石的松铺系数为1.4～1.5，级配砾石的松铺系数为1.25～1.35。表面整理成规定的路拱横坡，随后用拖拉机、平地机或轮胎压路机在初平的混合料上快速碾压1～2遍，使潜在的不平整部位暴露出来，再用平地机整平。混合料整形完，含水率等于或略大于最佳含水率时，用12 t以上三轮压路机或振动压路机碾压。在直线段，由路肩开始向路中心碾压；在平曲线段，由弯道内侧向外侧碾压，碾压轮重叠1/2轮宽，后轮超过施工段接缝。后轮压完路面全宽即为一遍，一般应碾压6～8遍，直到符合规定的密实度，表面无轮迹为止。压路机碾压头两遍的速度为1.5～1.7 km/h，然后为2.0～2.5 km/h。路由外侧应多压2～3遍。对于含细土的级配碎（砾）石，应进行滚浆碾压，一直到碎（砾）石基层中无多余细土泛到表面为止，泛到表面的泥浆应清除干净。用级配碎石做基层时，压实度不应小于98%；做底基层时，压实度不应小于96%。用级配砾石做基层时，压实度不应小于98%，CBR值不应小于60%；做底基层时，压实度不应小于96%，中等交通条件下CBR值不应小于60%，轻交通条件下CBR值不应小于40%。

级配碎石用作薄沥青面层与半刚性基层间的中间层时，主要起防治反射裂缝的作用，碎石混合料应采用强制式拌和机、卧式双转轴桨叶式拌和机或普通水泥混凝土拌和机等集中拌和，用沥青混凝土摊铺机、水泥混凝土摊铺机或稳定土摊铺机摊铺，这样可使其具有良好的强度和稳定性，表面平整，质量明显高于路拌法施工的基层。

（二）填隙碎石基层施工

填隙碎石基层施工的顺序为：准备下承层—施工放样—运输和摊铺粗骨料—稳压—撒布石屑—振动压实—第二次撒布石屑—振动压实—局部补撒石屑并扫匀—振动压实填满空隙—洒水饱和（湿法）或洒少量水（干法）—碾压。其中，运输和摊铺粗骨料及振动压实是确保施工质量的关键。

填隙碎石施工时，细集料应干燥；采用振动压路机充分碾压，尽量使粗碎石骨料的空隙被细集料填充密实，而填隙料又不覆盖粗碎石表面自成一层，粗碎石应“露子”。填隙碎石的压实度用固体体积率来表示，用作基层时，不应小于83%；用作底基层时，不应小于85%。填隙碎石基层碾压完毕，铺封层前禁止开放交通。

第四章 沥青路面施工

第一节 沥青路面基本特性与分类

一、基本特性

沥青路面是通过各种方式将沥青材料与矿料均匀混合，经铺筑后形成路面面层并与其他各类基层和垫层共同组成路面结构的统称。由于使用沥青作结合料，矿料间的黏结力获得很大增强，提高了混合料的强度和稳定性，使路面的使用性能和耐久性都得到提高。与水泥混凝土路面相比，沥青路面具有表面平整、无接缝、行车舒适、耐磨、振动小、噪声低、施工期短、养护维修简便、适宜分期修建等优点，因而获得非常广泛的应用。沥青路面属于柔性结构，面层抗拉强度较低，其整体强度和稳定性在很大程度上取决于土基和基层的特性，因而要求基层和土基必须具有足够的强度和良好的稳定性。由于沥青是一种典型的感温性材料，在夏季高温时沥青路面会出现软化现象，导致在行车荷载作用出现车辙、拥包、推挤等变形和破坏；在冬季低温时，沥青路面的抗变形能力会降低，有时会出现低温开裂现象。因此，必须选用质量符合要求的原材料并进行合理的混合料组成设计、采用先进的施工设备和工艺组织施工，以此获得质量满足设计和施工技术规范要求的沥青路面。

20世纪50年代以来，沥青路面已成为世界各国公路的主要面层类型。近几十年来，我国在公路和城市道路上修筑了大量的沥青路面。目前我国高速公路大都采用沥青路面。随着国民经济和现代化道路交通发展的需要，沥青路面将会得到更大的发展。

二、沥青路面的分类

根据施工工艺的不同，沥青路面可分为层铺法施工的沥青路面、路拌法施工的沥青路面和厂拌法施工的沥青路面三种。

（一）层铺法施工的沥青路面与封层

层铺法施工是将沥青分层洒布、矿料分层撒铺，然后碾压形成沥青面层的施工方法。其主要优点是工艺和设备简便、功效较高、施工进度快、造价较低；缺点是结构强度低、使用寿命短、路面成型期较长，需要经过炎热季节经行车碾压之后路面才能最终成型。根据铺装时所采用的具体工艺、结构层厚度、适用条件的不同，又分为沥青表面处治、沥青贯入式和碎石封层等类型。

沥青表面处治路面是指用沥青和矿料按层铺法铺筑而成的、厚度一般为1.5～3 cm的沥青路面。表面处置可做成单层或多层，优点是摩擦系数大，表面构造深度深，有利于车辆行驶安全。此外，它还具有良好的抗温度开裂性能。沥青表面处治适用于三级、四级公路的面层、旧沥青面层上加铺罩面或抗滑层、磨耗层等。

沥青贯入式路面是靠矿料颗粒间的锁结作用以及沥青的黏获得所需的强度和稳定性，采用层铺法施工，厚度通常为4～8 cm（用作基层时，厚度可达10 cm），也称为沥青贯入碎石。当沥青贯入式路面的上部加铺拌和的沥青混合料时，称为上拌下贯，此时，拌和层的厚度宜为3～4 cm，其他厚度为7～10 cm。沥青贯入式路面适用于作二级及二级以下公路的沥青面层。若沥青贯入碎石设在沥青混凝土面层与半刚性基层或粒料基层之间时成为连结层，也可作路面基层使用。

碎石封层同样采用层铺法施工，施工工艺和工序与沥青表面处治相同，但要求结合料有较大的黏结强度和稳定性，一般情况下要求使用改性沥青，如果使用粒径严格单一的石料，则对石料的洁净度和针片状含量要求高，施工时用机械洒布沥青和撒铺石料，对施工机械的要求比较高。这使路面成型后具有较大的构造深度，有利于行车安全。

根据碎石撒铺工艺的不同，碎石封层分为异步碎石封层和同步碎石封层两种。异步碎石封层工艺是先由沥青洒布车洒布沥青，而后由碎石撒铺机撒铺石料，两道工序在同一点间隔10 min左右、最后用压路机碾压成型。同步碎石封层施工则是洒布沥青和撒铺集料由一台设备同时完成，两个工序在同一点间隔几秒钟，最后用压路机碾压成型。除了简化工序的优点外，同步碎石封层最大的优点是能够在沥青保持高温时撒布石料，从而有效地保证两者之间的黏结。

(二)路拌法施工的沥青路面

路拌法是指在路上用人工或机械将矿料和沥青材料就地拌和、摊铺、碾压密实后形成沥青结构层的施工方法。路拌法施工时,通过就地拌和,沥青材料在矿料中的分布比层铺法均匀,可以缩短路面的成型期。但因所用矿料为冷料,需使用黏稠度较低的沥青材料,故混合料的强度较低。比较典型的路拌法施工沥青路面为乳化沥青碎石混合料路面,这种沥青路面适用于做三、四级公路的沥青面层、二级公路养护罩面以及各级公路的调平层。

(三)厂拌法施工的沥青路面

厂拌法施工的沥青路面是用不同粒径的碎石、天然砂(或机制砂)、矿粉和沥青按一定比例在拌和机中热拌所得的拌和物(称为热拌沥青混合料,HMA),然后在规定温度范围内运到工地并用摊铺机摊铺,再碾压成型的沥青路面。这种混合料的矿料具有严格的级配,当这种混合料被压实达到规定的强度和孔隙率后,就称作沥青混凝土。沥青混凝土具有很高的强度和密实度,常温下还具有一定的塑性。它的强度和密实度是各种沥青矿料混合料中最高的。沥青混凝土透水性小,水稳性好,有较强的抵抗自然因素影响和行车荷载作用的能力,使用寿命长,耐久性好。①

根据热拌沥青混合料强度构成原理、矿料级配组成、路用性能等因素的不同,厂拌法施工的沥青路面可做如下分类。

1.按混合料强度构成原理不同分

(1)级配密实型

级配密实型沥青混合料的矿料级配按最大密实原则设计,其强度和稳定性主要取决于混合料中沥青与矿料的黏聚力,矿质颗粒之间的摩阻力处于次要地位。设计空隙率较小的密实式沥青混凝土混合料和密实式沥青稳定碎石混合料就属于这一类型。此类混合料沥青用量通常较大,强度受温度影响明显,但抗渗水性、耐久性较好。

(2)嵌挤锁结型

嵌挤锁结型沥青混合料采用颗粒尺寸较大且级配较为均一的矿料,细集料和填料较少,形成开级配沥青混合料,如半开级配沥青碎击混合料、大孔隙

---

①侯永生,许永喜.沥青路面施工技术问答[M].北京:中国铁道出版社,2014.

开级配排水式沥青碎石混合料就属于这一类型。这种沥青混合料路面的强度和稳定性主要依靠骨料颗粒之间相互嵌挤、锁结作用所产生的内摩阻力，沥青与矿料的黏聚力相对较小，起次要的作用。嵌挤锁结型沥青混合料路面比级配密实型沥青混合料路面的高温稳定性要好，但因空隙率大、易渗水，因而耐久性相对较差。

2.按材料组成及结构分

按材料组成及结构分为连续级配沥青混合料、间断级配沥青混合料。连续级配沥青混合料的矿料具有连续、光滑的级配曲线。若矿料级配组成中缺少一个或几个粒径档次（或用量很少），则成为间断级配沥青混合料。

3.按矿料级配组成和空隙率分

可为密级配、半开级配、开级配混合料。若矿料具有连续级配、设计空隙率为3%~6%时称为密级配沥青混合料。若矿料由适当比例的粗集料、细集料及少量填料（或不加填料）组成，标准马歇尔击实成型试件的空隙率为6%~12%，即为半开级配沥青碎石混合料。若沥青混合料采用颗粒尺寸较大且较为均一的矿料、细集料和填料较少，设计空隙率达到18%以至更大，即为开级配沥青混合料，如大空隙开级配排水式沥青碎石混合料。

4.按公称最大粒径分

可分为特粗式（公称最大粒径大于31.5 mm）、粗粒式（公称最大粒径等于或大于26.5 mm）、中粒式（公称最大粒径为16 mm或19 mm）、细粒式（公称最大粒径为9.5 mm或13.2 mm）、砂粒式（公称最大粒径小于9.5 mm）。

5.沥青玛蹄脂碎石混合料

由沥青结合料与少量的纤维稳定剂、细集料及较多的填料组成的沥青玛蹄脂填充于具有间断级配的粗集料骨架的空隙中组成沥青混合料整体，即为沥青玛蹄脂碎石混合料（Stone Mastic Asphalt，下文简称SMA）。它具有抗滑、耐磨、密实耐久、抗疲劳、抗高温车辙、抗低温开裂等优点，同时能有效减轻行车噪声污染，是一种优质的沥青路面类型，适用于高速公路、一级公路表层，其厚度在3.5~4 cm。

三、沥青路面的选择与应用

各种沥青类路面的选择使用，一方面要根据任务要求（道路的等级、交通量、使用年限、修建费用等）和工程特点（施工季节、施工期限、结构组合状况等），另一方面还应考虑材料的供应情况、施工机具、劳力和施工技术条件等因素。

沥青混凝土是适合现代交通的一种优质高级面层材料。铺筑在坚硬基层上的优质沥青混凝土面层可使用20～25年，国外的重交通道路和高速公路主要采用这种面层形式。一般来说，高速公路、一级公路的表面层、中面层、下面层应采用沥青混凝土，二级公路的表面层宜用沥青混凝土。

密级配沥青混凝土混合料（AC）适用于各级公路沥青面层的任何层次，沥青马蹄脂碎石混合料（SMA）适用于铺筑新建公路的表面层、中面层或旧路面加铺磨耗层。设计空隙率6%～12%的半开级配的沥青碎石混合料（AM）仅适用于三级及三级以下公路、乡村公路，且沥青混合料拌和设备缺乏添加矿粉装置和人工搅拌的情况；设计空隙率3%～6%的粗粒式及特粗式密级配沥青稳定碎石混合料（ATB）适用于基层；设计空隙率大于18%的粗粒式亟待粗排水式沥青稳定碎石混合料（ATPB）适用于基层；设计空隙率大于18%的细粒排水式沥青稳定碎石混合料（OGFC）适用于高速行车、多雨潮湿、不易被尘土污染、非冰冻地区铺筑排水式沥青路面磨耗层。开级配排水式沥青混合料基层（ATPB）的下面层应具有排水和抗冲刷能力，工程上必须通过试验。取得成功的经验，并经过论证后使用。特粗式沥青混合料适用于基层，粗粒式沥青混合料适用于下卧层或基层，中粒式沥青混合料适用于中面层和表面层，细粒式沥青混合料适用于表面层和薄层罩面。砂粒式沥青混合料适用于非机动车道或行人道路。对高速公路及一级公路，除沥青稳定碎石基层外，通常宜选用公称最大粒径为13.2～26.5 mm的沥青混合料。

对沥青层较厚的高速公路、一级公路，在选择级配类型、确定矿料级配和最佳沥青用量时，应首先保证各层的组合不致发生早期破坏。并在此基础上优先或侧重考虑各层的服务功能后作出抉择，主要包括：表面层应具有良好的表面功能、密水、耐久、抗车辙、抗裂，潮湿区和湿润区的路面上面层应符合潮湿条件下的抗滑要求，抗滑性能不符合要求时宜铺筑抗滑磨耗层。在寒冷地区，表面层应考虑低温抗裂性能的要求。三层式面层的中面层或双层式面层的下面层应重点满足混合料的高温抗车辙性能。下面层应在满足高温抗车辙性能的基础上，重点考虑抗疲劳性能及抗裂性能的要求。除排水式沥青混合料外，每一层都应该考虑密水性，当上层属渗水性结构层时，层间或下层应采取防渗水或排水措施。高速公路的紧急停车带（硬路肩）沥青面层宜采用与车行道相同的结构，但表面层宜采用密级配沥青混凝土混合料铺筑。

沥青面层集料的最大粒径宜从上至下逐渐增大，并应与设计厚度相匹配。除人行道路外，沥青层的压实厚度不宜小于集料最大粒径的2倍。对于高速公路和一级公路，密级配沥青混合料的层厚不宜小于公称最大粒径的3倍，SMA等嵌挤型混合料的层厚不宜小于公称最大粒径的2.5倍，以减少离析，便于施工和压实。

沥青类路面一般不宜铺筑在纵坡大于6%的路段上。在纵坡大于3%的路段，考虑抗滑的要求，宜采用粗粒式的沥青碎石或粗粒式沥青混凝土作面层。

第二节 沥青路面对原材料的技术要求

一、沥青

沥青路面所用的沥青材料有石油沥青、煤沥青、液体石油沥青和沥青乳液等。

石油沥青在道路建筑中使用最广，可以用在不同地区和不同等级道路上铺筑各种沥青面层和基层。石油沥青的性质与石油的性质和获得沥青的方法有关。高树脂、少石蜡的石油是道路沥青的最好原料。煤沥青主要是由炼焦或制造煤气得到的高温焦油加工而得，它的主要成分是芳香族碳氢化合物及其氧、氮和硫的衍生物的混合料。煤沥青与石油沥青相比较，温度稳定性低，易老化，但其与矿料颗粒表面的粘附性较好，因煤沥青会造成轻微的空气污染，一般不宜作沥青面层，仅作为透层沥青使用。沥青乳液也称乳化沥青，它是沥青经机械作用分裂为细微颗粒，分散于含有表面活性物质的水中，形成均匀而稳定的分散系。根据其表面活性物质的特性及形成乳胶体的性质，乳化沥青可分为乳液和乳膏两大类。选用乳化沥青时，对于酸性石料、潮湿的石料，以及低温季节施工时宜选用阳离子乳化沥青；对于碱性石料或与掺入水泥、石灰、粉煤灰共同使用时，宜选用阴离子乳化沥青。

沥青路面采用的沥青标号，宜按照公路等级、气候条件、交通条件、路面类型、在路面结构中的层位及受力特点、施工方法等，结合当地使用经验，经技术论证后确定。

高速公路、一级公路、夏季气温高、高温持续时间长、重载交通、山区及丘陵区上坡路段、服务区、停车场等行车速度较慢的路段，特别是汽车荷载剪应力大的层次，宜采用稠度大的沥青，也可依据高温气候分区的温度水平选用沥青等级；对于冬季寒冷地区、交通量较小的公路、旅游区公路宜选用稠度小、低温延度大的沥青；对温度日温差、年温差大的地区宜选用针入度指数大的沥青。当高温要求与低温要求发生矛盾时应优先考虑满足高温性能要求。当缺乏所需标号的沥青时，可使用不同标号沥青进行掺配。

对热拌热铺的沥青路面，由于沥青材料和矿料须加热拌和，并在热态下铺压，故可采用稠度较高的沥青材料。反之则应采用稠度较低的沥青。对其他类型沥青路面，若沥青材料过稠，则难以贯入碎石中，过稀则又易流入路面底部，因此这类路面宜采用中等稠度的沥青材料。当气温寒冷、施工气温较低、矿料粒径偏细时，宜采用稠度较低的沥青材料。但炎热季节施工时，由于沥青材料的温度散失较慢，则可用稠度较高的沥青材料。路拌法施工的沥青路面，一般仅采用稠度较低的沥青材料。

随着公路交通量增大和对路面性能要求的提高，在原有工业生产所获基质沥青性能不能满足要求的情况下，可采用改性沥青。改性沥青可单独或复合采用高分子聚合物、天然沥青及其他改性材料制作。

二、粗集料

沥青路面可用轧制碎(砾)石、筛选砾石、矿渣等作为粗集料。粗集料在沥青混合料中起形成矿质骨架的作用，对混合料的强度等一系列路用性能影响很大。碎石应均匀、清洁、坚硬、无风化，小于0.05 mm的颗粒含量应小于2%，吸水率小于2%～3%。颗粒形状接近立方体并有多棱角，细长或扁平颗粒含量应小于15%，杂质含量不能超标，压碎值应不大于20%～30%。轧制砾石系由天然砾石轧制并经筛选而得，要求大于5 mm颗粒中40%(按重量计)以上至少有一个破碎面。用于沥青贯入式面层时，主层矿料中要有30%～40%(按重量计)以上颗粒至少有两个破碎面。

筛选砾石由天然砾石筛选而得。由于天然砾石是各种岩石经自然风化而成的不同尺寸的粒料，强度极不均匀，而且多是圆滑形状。因此，筛选砾石仅适用于交通量较小的路面面层下层、基层的沥青混合料中使用，不宜用于防滑面层。在交通量大的沥青路面面层，若使用砾石拌制沥青混合料，则在砾石中至少应掺有50%（按重量计）粒径大于5 mm的碎石或经轧制的砾石。沥青贯入式路面用砾石时，主层矿料中亦应掺有30%～40%以上的碎石或轧制砾石。

粗集料与沥青材料黏附性大小，对沥青混合料的强度和耐久性有极大影响，应优先选用与石油沥青材料有良好黏附性的碱性碎（砾）石。集料与沥青材料的粘附性用水煮法测定时，一般公路不小于3级，高等级公路应不小于4级。

用于高速公路、一级公路沥青路面表面层及各类抗滑表层的粗集料需符合规定的石料磨光值要求，应选用坚硬、耐磨、抗冲击好的碎石，不得使用筛选砾石、矿渣及软质集料。为了保证石料与沥青之间有较好的黏结性能，经检验属于酸性岩石的石料，用于高速公路、一级公路和城市快速路主干道时，宜使用针入度较小的沥青，必要时可在沥青中掺加抗剥离剂，或用干燥的磨细消石灰或生石灰粉、水泥作为矿粉的一部分，其用量宜为矿料总量的1%～2%；将粗集料用石灰浆处理后也可以有效地提高石料与沥青之间的黏结力。

三、细集料

细集料与粗集料共同形成混合料矿质骨架。沥青面层的细集料可采用天然砂、机制砂及石屑等。热拌密级配沥青混合料中，天然砂的用量通常不超过集料总量的20%，SMA及OGFC混合料不宜使用天然砂。机制砂系从轧制岩石中筛选而得，其最大粒径一般小于5 mm。无论天然砂还是机制砂，均要求坚硬、清洁、干燥、无风化、不含杂质，并且应有适当的级配。热拌沥青混合料宜采用优质的天然砂或机制砂，在缺乏砂资源地区也可以用石屑。但由于一般情况下石屑的含泥量高，强度不高，因此，高速公路、一级公路沥青混凝土面层及抗滑表层的石屑用量不宜超过天然砂及机制砂的用量。河砂、海砂的颗粒缺乏棱角，表面光滑，使用时虽能增加和易性，满足了提高密实度的要求,但内摩阻角较小,为了提高混合料的内摩阻角,可掺加部分人工砂。①

细集料应与粗集料一样,要求与沥青形成良好的粘结力。与沥青的黏结性能很差的天然砂以及用花岗岩、石英岩等酸性石料破碎的机制砂或石屑不宜用于高速公路、一级公路的沥青面层,必须使用时,应有抗剥落措施。

四、矿粉与纤维稳定剂

混合料中矿粉与沥青形成沥青胶浆填充于矿质骨架空隙中,在密级配沥青混合料中,矿粉表面积占全部矿料表面积的90%以上,矿粉的使用使矿料比表面积大大增加,从而沥青以结构沥青形式存在,减少自由沥青数量,有利于提高沥青黏结力,获得较高的强度。宜采用石灰岩或岩浆岩中的强基性、憎水性岩石经磨细得到的矿粉,原石料中的泥土杂质应除尽。也可采用水泥、石灰、粉煤灰作矿粉、但其用量不宜超过矿料总量的2%。其中粉煤灰用量不得超过填料总量的50%,且烧失量不超过12%,与矿粉混合后的塑性指数不小于4%,高速公路、一级公路的沥青面层不宜采用粉煤灰作填料。

矿粉中所含小于0.075 mm的颗粒应不少于30%,但过细颗粒的含量也不宜过多,否则会降低混合料施工和易性和水稳性。对矿粉的要求是干燥、洁净。

在SMA混合料中,纤维稳定剂与矿粉、沥青共同形成沥青玛蹄脂,填充于粒径较为单一的集料空隙中,是沥青玛蹄脂碎石混合料的重要组成部分。纤维稳定剂在SMA混合料中的主要作用包括:①加筋作用。纤维在混合料中以三维的分散相存在,犹如钢纤维混凝土、土木格栅等加筋材料所起的作用。②分散作用。混合料中加入纤维后,可使沥青与矿粉形成的胶团适当分散,形成均匀的材料体系。如果没有纤维,由于沥青和矿粉用量较大,所形成的胶团不能均匀地分散到集料之间,混合料铺筑在路面上会形成明显的“油斑”,成为沥青路面施工的另一种离析现象。③吸附与吸收沥青的作用。在SMA混合料中加入纤维稳定剂在于充分吸附(表面)及吸收(内部)沥青,从而使沥青用量增加,沥青膜变厚,有利于提高混合料耐久性。

①李爱国.沥青路面施工技术与工艺全解[M].北京:人民交通出版社,2014.

第三节　沥青混合料组成设计

一、配比设计基础

(一)沥青混合料的性能

为了满足路面保持良好的使用状态,沥青混合料应具有以下性能。

1.高温稳定性

由于沥青路面的强度和刚度随温度的升高而显著下降,为了保证沥青路面在高温季节行车荷载的作用下,不致产生推移、车辙、拥包等病害,沥青路面应该具有良好的高温稳定性。

2.低温抗裂性

由于沥青路面随着温度的降低,劲度变大,抗变形能力降低,在外界荷载的作用下,使得一部分应力来不及释放,当这一部分应力逐渐积攒下来,超过材料的抗拉强度的情况下,路面就发生开裂,因此路面材料应该具有良好的抗裂能力。尤其表面层的材料,受外界温度变化影响比较大,更应该具有良好的低温抗裂能力。

3.水稳性

水分的存在降低了沥青本身的黏结力,同时也降低了沥青与集料的黏结力,从而加速了沥青与集料的剥离,使沥青路面产生松散坑槽等病害,造成道路的水损害。

4.抗疲劳性

路面在反复荷载的作用下,长期处于应力应变的反复变化状态,导致路面的结构强度逐渐下降,当荷载重复作用超过一定程度,使路面出现疲劳断裂破坏。

(二)沥青混合料设计的目的

沥青混合料设计的目的就是根据建设项目沿线的气候和交通荷载情况,选择沥青和集料,并且按照合理的设计方法将这些材料有机地结合起来,使竣工以后的沥青路面性能满足气候和交通荷载的要求。

热拌沥青混合料的设计过程就是选择材料、确定一个合理的矿料级配,在此基础上确定一个适宜的沥青含量和合理的混合料密度的过程。在一定的级配和原材料组成的沥青混合料，沥青含量过高，混合料将产生塑性变形，将产生车辙和泛油等病害，但是如果用油量过少，沥青混合料将松散、沥青路面的耐久性降低。不同的设计方法，将对沥青混合料的使用性能产生不同的影响。

(三)沥青混合料设计方法

目前沥青混合料设计方法分为两种，一种是体积法，一种是应力应变法，如回转试验机(Gyratory Testing Machine，简称GTM)法。

1.体积法

根据控制标准的不同分为两种，一种是空隙率标准，以美国的SUP(Superior Performing Asphalt Pavement，简称SUP)设计法为代表，求得满足空隙率要求和矿料间隙率要求的用油量，该方法更注重混合料整体上的结构特性；另外一种是马歇尔法，该方法注意了稳定度/流值与密度/空隙率的分析，求得与所选矿料刚好相适应的沥青用量即为最佳沥青用量。

(1)SUP设计法

高性能沥青路面混合料配合比设计，就是根据沥青混合料的空隙率、饱和度、矿料间隙率等体积指标参数进行沥青混合料的配合比设计，并且进行沥青混合料的水稳性分析。沥青混合料的体积设计主要分为四个部分。

第一，材料的选择。包括集料和沥青材料，根据当地的气候情况和交通量情况选择沥青，根据交通量的情况选择集料。

第二，确定矿料级配。根据交通量情况选定沥青混合料的旋转次数，在预估沥青含量的情况下，要求确定的矿料级配，必须有合适的体积指标。

第三，确定沥青混合料的最佳沥青用量。在确定了矿料级配后，采用与马歇尔类似的方法，确定沥青的最佳用量，使得设计的沥青混合料满足高性能沥青路面的体积指标标准。

第四，验证在最大压实次数下的密实度标准参数，并且评估其水稳性，级配和最佳沥青用量确定后，需要在最大压实次数下验证混合料的密实度是否满足要求，然后采用压实沥青混合料抗水损害阻力方法进行水敏感性分析。

高性能沥青路面进行沥青混合料设计方法从性能作为考虑问题的出发点，设计成果在某种程度上预测了沥青混合料的路用性能，同马歇尔相比有了相当大的进步，但是高性能沥青路面法进行沥青混合料配合比设计时仅仅采用体积指标进行设计，没有考虑沥青混合料的强度指标。

(2)马歇尔法

马歇尔设计方法由美国密西西比州工程师马歇尔提出，并且在以后由美国陆军工程兵团进行了完善。由于该试验方法操作简单，设备价格便宜，便于携带等特点，目前是世界上绝大多数国家进行沥青混合料配合比设计和施工质量控制的主要方法。马歇尔试验方法的最大优点是注意到了沥青混合料的密度和稳定度的特性，通过分析以获得沥青混合料合适的空隙率与饱和度，求得最佳沥青用量。但这种方法也具有一定的局限性，主要表现在以下几点。

第一，交通量划分简单。

第二，成形方法不能准确模拟车轮对路面的作用情况。

第三，不能很好地适应改性沥青混合料，在进行改性沥青混合料试验时常出现荷载稍微增加，变形却持续增加的现象。

第四，与实际路面的性能相关性较差。

2.应力应变法

通过沥青混合料被旋转压实到平衡状态时的各项参数来确定路面混合料的设计密度和最佳沥青用量，这种方法较好地模拟车轮对路面的实际作用。

GTM法最大限度地模拟了汽车对路面的实际作用情况，以推理的方法来设计沥青混凝土。它可以根据汽车对路面的实际作用压强来设计沥青混凝土，使设计的沥青混合料的抗剪强度大于其所受的剪应力，同时，使其所产生的应变控制在适当的范围内。GTM法完全利用力学的应力应变原理，提出了解决目前汽车触地压强不断上升的途径，可以减少沥青路面在重载交通下出现车辙、推移、拥包等剪切破坏。

GTM法需要遵循以下原则：①设计荷载为轮胎和路面的接触压强，不是轮胎的气压，也不是标准轴载累计作用次数。②沥青路面的抗剪强度≥荷载作用下产生的剪应力。③将应变控制在适当的范围之内，使其没有永久形产生。④压实到设计荷载作用下所产生的最终密度。

(四)常用的沥青混凝土级配类型

1.AC型沥青混凝土

AC型是使用较多的一种矿料级配,它是一种连续密实型沥青混凝土结构,其矿料级配按最大密实原则设计,属于连续性级配,强度和稳定性主要取决于混合料的黏聚力和内摩阻力,因为结构密实、空隙率小,所以AC型路面的水稳定性较好。但是,由于其表面不够粗糙,耐磨、抗滑、高温抗车辙等性能明显不足。

2.AK型沥青混凝土

AK型级配根据空隙率的大小又分为A型和B型,在北方使用比较少,在南方地区使用比较多。其混合料类型的选择一般是:中、下面层采用空隙率小、不透水的连续级配沥青混凝土AC型,上面层则采用表面比较粗糙的AK型沥青混合料作为抗滑表层。但是,AK结构的设计空隙率大,下雨后,水分容易渗入面层内,如果中、下面层比较密实,水分则聚集在上面层和中面层之间,并使上面层长期浸泡在水中,导致路面发生松散、坑洞等破坏;反之,中下面层如果不能有效地防止水的继续渗入,水分会直接渗入基层,基层长期浸泡在水中,会发生松散、唧浆,从而使整个路面结构破坏,危害更大。

3.SMA沥青混凝土

SMA是20世纪60年代,德国为抵抗带钉轮胎对于路面的磨耗而开发的SMA。SMA按照内摩擦角最大的原则,以间断级配的粗集料形成相互嵌挤的矿料骨架,然后按照空隙率较小的原则,以沥青马蹄脂填充骨架的间隙,形成一种骨架密实结构的沥青混合料。

4.SAC沥青混合料

SAC级配是沙庆林院士提出的多碎石级配,和SMA一样,都属于粗集料断级配类型。SAC要求4.75 mm以上的集料不小于60%,并且增加0.3 mm及0.075 mm以下的通过率,尤其是0.075 mm的通过率不能小于6%。在集料颗粒变化小,并且保证矿粉用量的情况下,SAC空隙率小,具有良好的构造纹理深度和抗车辙能力。

二、热拌沥青混合料配合比设计

(一)确定工程设计级配范围的原则

沥青路面工程的混合料设计级配范围由工程设计文件或招标文件规定，密级配沥青混合料的设计级配宜在《公路沥青路面施工技术规范》(JTG F40—2004)规定的级配范围内，根据公路等级、工程性质、气候条件、交通条件、材料品种，通过对条件大体相当的工程的使用情况进行调查研究后调整确定，必要时允许超出规范级配范围。密级配沥青稳定碎石混合料可直接以规范规定的级配范围作为工程设计级配范围使用。经确定的工程设计级配范围是配合比设计的依据，不得随意变更。调整工程设计级配范围宜遵循下列原则。

第一，对夏季温度高、高温持续时间长、重载交通多的路段，宜选用粗型密级配沥青混合料(AC—C型)，并取较高的设计空隙率。对冬季温度低且低温持续时间长的地区，或者重载交通较少的路段，宜选用细型密级配沥青混合料(AC—F型)，并取较低的设计空隙率。

第二，为确保高温抗车辙能力，同时兼顾低温抗裂性能的需要。配合比设计时宜适当减少公称最大粒径附近的粗集料用量，减少0.6 mm以下部分细粉的用量，使中等粒径集料较多，形成S形级配曲线，并取中等或偏高水平的设计空隙率。

第三，确定各层的工程设计级配范围时应考虑不同层位的功能需要，经组合设计的沥青路面应能满足耐久、稳定、密水、抗滑等要求。

第四，根据公路等级和施工设备的控制水平，确定的工程设计级配范围应比规范级配范围窄，其中4.75 mm和2.36 mm通过率的上下限差值宜小于12%。

第五，沥青混合料的配合比设计应充分考虑施工性能，使沥青混合料容易摊铺和压实，避免造成严重的离析。

(二)沥青混合料配合比设计时材料选择

第一，配合比设计的各种矿料必须按现行《公路工程集料试验规程》(JTG E42—2005)规定的方法，从工程实际使用的材料中取代表性样品。进行生产配合比设计时，取样至少应在干拌五次以后进行。

第二,配合比设计所用的各种材料必须符合气候和交通条件的需要。其质量应满足规范规定的技术要求。

第三,不同型号的沥青材料,具有不同的技术指标,适用于不同等级、不同类型的路面。在选择沥青材料的时候,要考虑到气候条件、交通量、施工方法等情况,寒冷地区宜选用稠度较小,延度较大的沥青,以免冬季裂缝;较热地区选用稠度较大,软化点高的沥青,以免夏季泛油,发软。一般路面的上层宜用较稠的沥青,下层和连结层宜用较稀的沥青。

第四,沥青混合料的粗集料要求洁净、干燥、无风化、无杂质,并且具有足够的强度和耐磨性。一般选用高强、碱性的岩石轧制成接近于立方体、表面粗糙、具有棱角的颗粒。当单一规格的集料某项指标不合格,但不同粒径规格的材料按级配组成的集料混合料指标能符合规范要求时,允许使用。

(三)热拌沥青混合料矿料配合比设计过程

1.组成材料的原始数据测试

对选定的材料经现场取样,对粗集料、细集料和矿粉进行筛分析试验,按试验结果分别绘出各组成材料的筛分曲线。同时测得各组成材料的相对密度,以供计算。

2.计算组成材料的配合比

根据各组成材料的筛分析试验资料,采用图解法或计算法,求出符合要求级配范围的各组成材料用量比例。采用图解法时,矿料级配曲线按《公路工程沥青及沥青混合料试验规程》(JTG E20—2011)的方法通过泰勒曲线绘制。其指数 n=0.45,横坐标按 $x=d_i^{0.45}$ 计算,纵坐标为普通坐标。以原点与通过集料最大粒径100%的点的连线作为沥青混合料的最大密度线。泰勒曲线的横坐标见表4-1,矿料级配曲线图见图4-1。

表4-1 泰勒曲线的横坐标

d_i	0.075	0.15	0.3	0.6	1.18	2.36	4.75	9.5
$x=d_i^{0.45}$	0.312	0.426	0.582	0.795	1.077	1.472	2.016	2.754
d_i	13.2	16	19	26.5	31.5	37.5	53	63
$x=d_i^{0.45}$	3.193	3.482	3.762	4.370	4.723	5.109	5.969	6.452

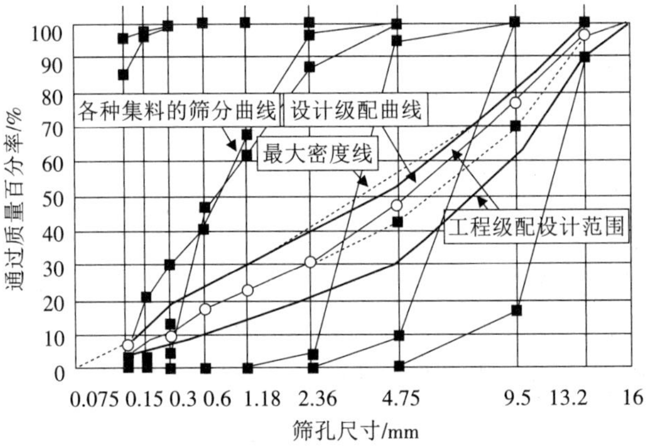

图4-1 矿料级配曲线示例

3.调整配合比计算得的合成级配

第一，通常情况下，合成级配曲线宜尽量接近设计级配中限，尤其应使0.075 mm、2.36 mm和4.75 mm筛孔的通过量尽量接近设计级配范围中限。

第二，对高速公路和一级公路，宜在工程设计级配范围内计算1～3组粗细不同的配合比，绘制设计级配曲线，分别位于工程设计级配范围的上方、中值及下方。对高速公路、一级公路、城市快速路和主干路等交通量大、车辆载重大的道路，宜偏向级配范围的下(粗)限；对一般道路、中小交通量和人行道路等宜偏向级配范围的上(细)限。

第三，合成级配曲线应接近连续或有合理的间断级配，不得有过多的犬牙交错。设计合成级配不得有太多的锯齿形交错，且在0.3～0.6 mm范围内不出现"驼峰"。当反复调整不能满意时，宜更换材料设计。

4.计算矿料混合料的合成毛体积相对密度γ_{sb}

$$\gamma_{sb}=\frac{100}{\frac{P_1}{\gamma_1}+\frac{P_2}{\gamma_2}+\cdots+\frac{P_n}{\gamma_n}} \tag{4-1}$$

式中：$P_1,P_2,\cdots,P_n$指各种矿料成分的配合比，其和为100；$\gamma_1,\gamma_2,\cdots,\gamma_n$指各种矿料相应的毛体积相对密度。

5.计算矿料混合料的合成表观相对密度

$$\gamma_{sa}=\frac{100}{\frac{P_1}{\gamma_1}+\frac{P_2}{\gamma_2}+\cdots+\frac{P_n}{\gamma_n}} \tag{4-2}$$

式中：$P_1,P_2,\cdots,P_n$指各种矿料成分的配合比，其和为100；$\gamma_1,\gamma_2,\cdots,\gamma_n$指各

种矿料按试验规程方法测定的表观相对密度。

(四)热拌沥青混合料最佳沥青用量的确定

1.明确沥青用料范围

以油石比或沥青用量为横坐标,以马歇尔试验的各项指标为纵坐标,将试验结果点入图中,连成圆滑的曲线(图4-2)。确定均符合规范规定的沥青混合料技术标准的沥青用量范围 $OAC_{min}\sim OAC_{max}$,选择的沥青用量范围必须涵盖设计空隙率的全部范围,并尽可能涵盖沥青饱和度的要求范围,并使密度及稳定度曲线出现峰值。如果没有涵盖设计空隙率的全部范围,试验必须扩大沥青用量范围重新进行。

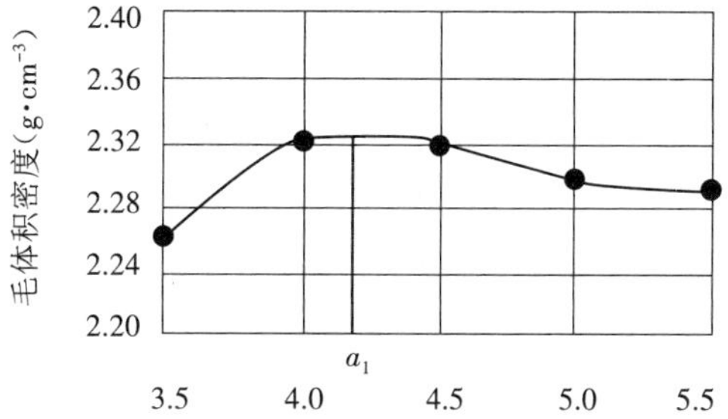

(a)毛体积密度(g·cm^{-3})

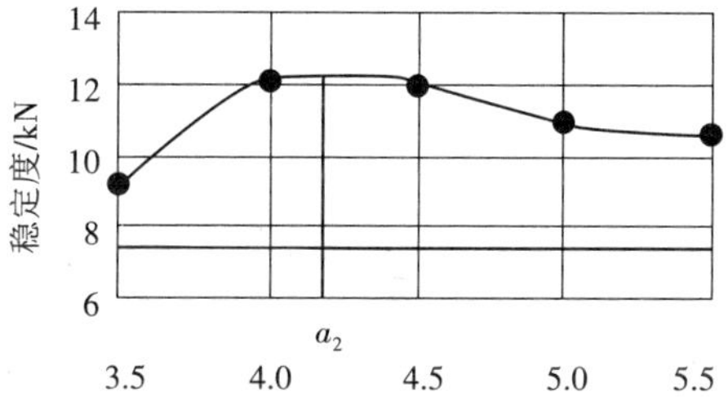

(b)稳定性/kN

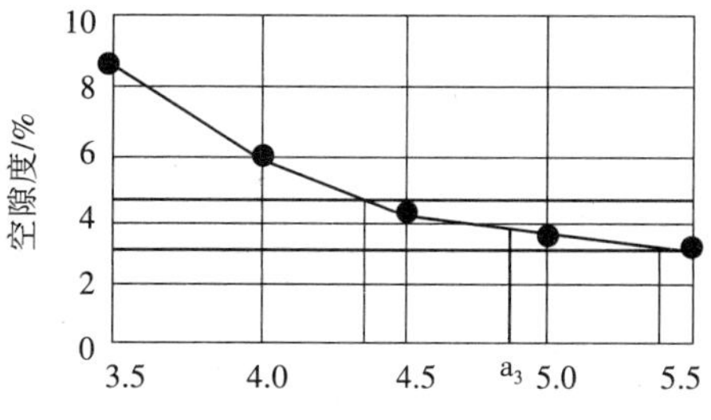

(c)空隙率/%

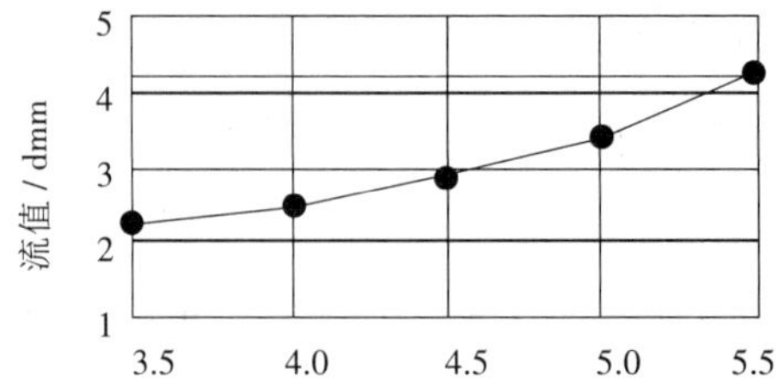

（d）流值/mm

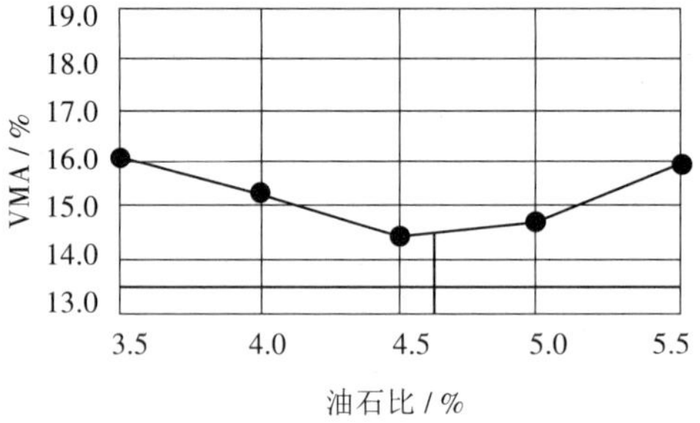

（e）VMA

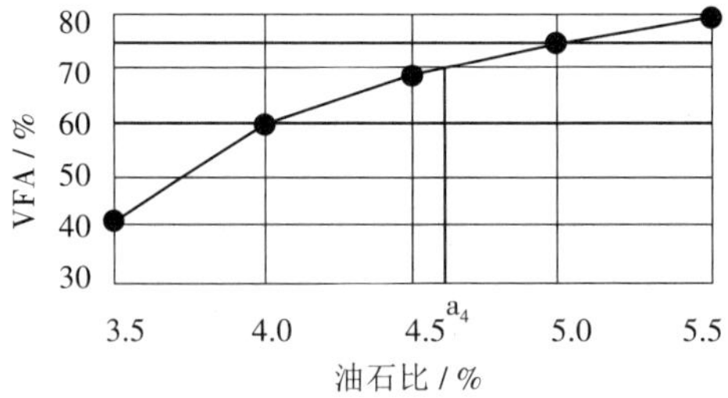

（f）VFA

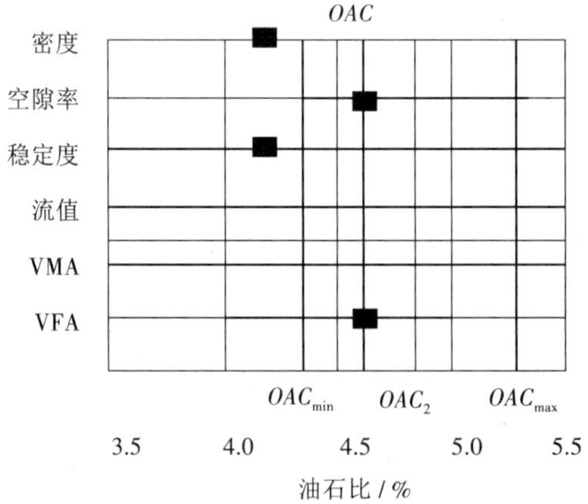

（g）

图4-2　马歇尔试验结果示例

2.根据试验曲线的走势，按下列方法确定沥青混合料的最佳沥青用量 OAC

第一，在曲线图4-2上求取相应于密度最大值、稳定度最大值、目标空隙率(或中值)、沥青饱和度范围的中值的沥青用量 a_1、a_2、a_3、a_4。按下式取平均值作为 OAC_1。

$$OAC_1 = (a_1 + a_2 + a_3 + a_4)/4 \tag{4-3}$$

第二，如果所选择的沥青用量范围未能涵盖沥青饱和度的要求范围，按下式求取四项的平均值作为 OAC_1。

$$OAC_1 = (a_1 + a_2 + a_3 + a_4)/3 \tag{4-4}$$

第三，对所选择试验的沥青用量范围，密度或稳定度没有出现峰值(最大值经常在曲线的两端)时，可直接以目标空隙率所对应的沥青用量 a_3 作为 OAC_1，但 OAC_1 必须介于 OAC_{min}~OAC_{max} 的范围内。否则应重新进行配合比设计。

3.确定 OAC_2 的值

以各项指标均符合技术标准(不含VMA)的沥青用量范围 OAC_{min}~OAC_{max} 的中值作为 OAC_2。

$$OAC_2 = (OAC_{min} + OAC_{max})/2 \tag{4-5}$$

4.确定最佳沥青用量 OAC

通常情况下取 OAC_1 及 OAC_2 的中值作为计算的最佳沥青用量 OAC。

$$OAC = (OAC_1 + OAC_2)/2 \tag{4-6}$$

(五)调整热拌沥青混合料最佳沥青用量的原则

第一，调查当地各项条件相接近的工程的沥青用量及使用效果，论证适宜的最佳沥青用量。检查计算得到的最佳沥青用量是否相近，如相差甚远，应查明原因，必要时重新调整级配，进行配合比设计。

第二，对炎热地区公路以及高速公路、一级公路的重载交通路段，山区公路的长大坡度路段，预计有可能产生较大车辙时，宜在空隙率符合要求的范围内将计算的最佳沥青用量减小0.1%~0.5%作为设计沥青用量。此时，除空隙率外的其他指标可能会超出马歇尔试验配合比设计技术标准，配合比设计报告或设计文件必须予以说明。但配合比设计报告必须要求采用重型轮胎压路机和振动压路机组合等方式加强碾压，以使施工后路面的空隙率达到未调整前的原最佳沥青用量时的水平，且渗水系数符合要求。如果试验段试拌试铺达不到此要求时，宜调整所减小的沥青用量的幅度。

第三，对寒区公路、旅游公路、交通量很少的公路，最佳沥青用量可以在 *OAC* 的基础上增加 0.1%～0.3%，以适当减小设计空隙率，但不得降低压实度要求。

（六）热拌沥青混合料配合比设计中应注意的问题

第一，沥青混合料配合比设计及马歇尔试验中，温度因素非常关键，必须按规范要求温度进行设计与试验，试验中安排合理试验顺序，保证试样试验温度。

第二，马歇尔试件的成形，应筛出各级筛孔上的集料，逐个称量配料，确保试件中矿料的混合料级配与设计值一致。拌和后的注模应快速、均匀，不得倒入试模。

第三，若出现空隙率低且稳定度也低的情况，一种调整方法是在容许的级配范围内增加粗集料用量，减少细集料用量；另一种调整方法是，如果沥青混合料的油石比高于正常量，油石比可以适当降低以增加空隙率，但使用这种方法应该慎重。因为减少沥青用量，虽然可以增加空隙率，但会减少沥青膜厚度，使混合料耐久性降低。如果两种方法均不行时，可考虑改变材料。通常可以增加碎石粒料，减少细集料，尤其天然砂来改善。

第四，若出现空隙率低，但稳定度满足要求的情况。可对矿料级配进行调整，增加粗集料用量，减少细集料用量，同时减少沥青用量。

第五，若出现空隙率满足要求但稳定度低情况。可换用压碎值和针片状含量低的集料。同时，可以考虑标号较低的沥青。

第六，若出现空隙率高但稳定度能满足规范要求的情况。可以通过增加矿粉用量达到要求，也可以将粗矿粉换成细矿粉使细集料增加，或者通过级配调整。

第七，配合比设计报告应包括工程设计级配范围选择说明、材料品种选择与原材料质量试验结果、矿料级配、最佳沥青用量及各项体积指标、配合比设计检验结果等。试验报告的矿料级配曲线应按规定的方法绘制。

第八，当调整沥青用量作为最佳沥青用量，宜报告不同沥青用量条件下的各项试验结果，并提出对施工压实工艺的技术要求。

第九，生产配合比设计阶段的试验过程基本同目标配合比设计一样，包括原材料的测试，合成级配的计算，马歇尔试件的制作、测试及最佳油石比选定等。应注意，生产配合比矿料设计须结合拌和楼热料仓分档和筛孔配置情况综合考虑，使生产出的混合料既达到规范允许的各项技术标准，又能保障设备正常生产应能提供的供料能力。

三、SMA混合料混合比设计

（一）SMA混合料材料选择

1. 沥青结合料

宜采用改性石油沥青。

2. 粗集料

采用坚硬、粗糙的集料。

3. 细集料

最好使用坚硬的人工砂，必须采用一部分洁净的石质坚硬的石屑，不宜全部使用天然砂。粗、细集料常用玄武岩。

4. 矿粉

必须使用磨细的石灰石粉，石粉的质量应符合要求。例如通过0.075 mm的百分率应大于75%。且最好不用回收的粉尘。使用消石灰是容许的，但用量不宜超过2%～3%。①

5. 纤维

优先采用木质素纤维、矿物纤维、聚合物纤维，尽量不使用石棉纤维。

（二）SMA混合料配合比设计前应做好的准备工作

1. 确定工程设计级配范围

SMA路面的工程设计级配范围宜直接采用表4-2中规定的矿料级配范围。公称最大粒径等于或小于9.5 mm的SMA混合料，以2.36 mm作为粗集料骨架的分界筛孔，公称最大粒径等于或大于13.2 mm的SMA混合料以4.75 mm作为粗集料骨架的分界筛孔。

①熊大路．MAC改性沥青SMA混合料配合比设计及其温铺性能研究[D]．长春：吉林大学，2017.

表4-2 级配范围

筛孔/mm	规格(按公称最大粒径分)/%		
	SMA-16	SMA-13	SMA
19	100		
16	90～100	100	
13.2	65～85	90～100	100
9.5	45～65	50～75	90～100
4.75	20～32	20～34	28～60
2.36	15～24	15～26	20～32
1.18	14～32	14～24	14～36
0.6	12～18	12～20	12～22
0.3	10～15	10～16	10～18
0.15	9～14	9～15	9～16
0.075	8～12	8～12	8～13

2.材料选择与准备

除已有成功经验证明使用非改性的普通沥青能符合使用要求之外,SMA宜采用改性石油沥青,且采用比当地常用沥青更硬标号的沥青。

(三)设计沥青用量

第一,根据所选择的设计级配和初试油石比试验的空隙率结果,以0.2%～0.4%为间隔,调整3个不同的油石比,制作马歇尔试件,计算空隙率等各项体积指标。一组试件数不宜少于4～6个。

第二,进行马歇尔稳定度试验,检验稳定度和流值是否符合规范规定的技术要求。

第三,根据希望的设计空隙率,确定油石比,作为最佳油石比*OAC*。所设计的SMA混合料应符合规范规定的各项技术标准。

第四,如初试油石比的混合料体积指标恰好符合设计要求时,可以免去这一步,但宜进行一次复核。

四、OGFC混合料配合比设计

(一)OGFC混合料配合比设计的粗集料选择

OGFC混合料粗集料达到80%左右，由粗集料形成骨架空隙结构，所以，粗骨料的性能好坏是关系到混合料性能好坏的关键。其性质、形状及级配对OGFC混合料的性能有着重要的影响。对粗集料的选择首先要考虑集料的岩性，岩石是酸性还是碱性，所生产的集料与沥青的粘附性有很大的不同。工程上根据石料化学成分中的SiO_2的含量来划分岩性，SiO_2含量大于65%的为酸性石料，小于52%的为碱性石料。当碱性石料与沥青接触时，会发生化学吸附反应，在沥青与矿料接触面上形成新的化合物，对于保持混合料的水稳性有利，而酸性石料与沥青的粘附性差，遇水易剥落。

石料的颗粒形状对混合料的性能关系密切，压制成的碎石形状近似立方体，表面粗糙、棱角分明为最佳集料，对针片状颗粒含量应控制在一定范围。OGFC路面粗集料技术要求符合表4-3。

表4-3 OGFC路面粗集料技术要求

项目	单位	技术指标	项目	单位	技术指标
石料压碎值	%	≤20	坚固性	%	≤12
洛杉矶磨耗损失	%	≤20	细长扁平颗粒含量	%	≤10
表观密度	t/m^3	≥2.5	软石含量	%	≤5
吸水率	%	≤2.0	石料磨光值	BPN	≥42
对沥青粘附性		5级	石料冲击值	%	≤28

(二)OGFC混合料配合比设计的细集料选择

细骨料在OGFC排水沥青混合料中只占很小的比例，然而细集料对混合料的性能影响较大。在欧美，细集料一般采用质地坚硬的轧制砂代替天然砂，其理由是天然砂与沥青的粘附性较差，而且砂的颗粒基本上是球形颗粒，对高温抗车辙能力不利。根据有关研究可知，天然砂掺量每增加1%，沥青混合料的动稳定度降低4%。而轧制砂是破碎得到的，表面特别粗糙，对提高马歇尔稳定度及动稳定度效果明显。细集料应干净、坚硬、干燥、无风化，有适当的级配,并与改性沥青有良好的粘附性。OGFC路面细集料的技术要求见表4-4。

表4-4 OCGC路面细集料技术要求

项目	单位	技术指标	项目	单位	技术指标
含泥量	%	≤1	表观密度	t/m^3	≥2.5
坚固性	%	≤12	砂当量	%	≥60

(三)OGFC混合料配合比设计的沥青选择

沥青混凝土是由沥青胶结料与矿料组成的路面材料,胶结料的性能对混合料影响很大。OGFC路面由于混合料粗颗粒过多,细颗粒太少,虽然能形成骨架,但颗粒之间不能够形成强有力的嵌锁作用,混合料的强度受结合料的黏结影响很大,所以要求沥青具有很高的黏性,以确保沥青混合料的稳定性。OGFC混合料所用沥青应该具有以下特点:①沥青黏性好,具有高黏韧性,高韧性。②优良的抗老化性能。③与集料的强粘附性。

(四)OGFC混合料配合比设计

第一,按试验规程规定的方法精确测定各种原材料的相对密度,其中4.75 mm以上的粗集料为毛体积相对密度,4.75 mm以下的细集料及矿粉为表观相对密度。

第二,以《公路沥青路面施工技术规范》(JTG F40—2004)规定的级配范围作为工程设计级配范围,在充分参考同类工程的成功经验的基础上,在级配范围内适配三组不同2.36 mm通过率的矿料级配作为初选级配。

第三,对每一组初选的矿料级配,计算集料的表面积。根据希望的沥青膜厚度,计算每一组混合料的初始沥青用量。

第四,制作马歇尔试件,马歇尔试件的击实次数为双面50次。用体积法测定试件的空隙率,绘制2.36 mm通过率与空隙率的关系曲线。根据期望的空隙率确定混合料的矿料级配,并再次上一步的方法计算初始沥青用量。

第五,以确定的矿料级配和初始沥青用量拌和沥青混合料,分别进行马歇尔试验、谢伦堡析漏试验、肯特堡飞散试验、车辙试验,各项指标应符合《公路沥青路面施工技术规范》(JTG F40—2004)的技术要求,其空隙率与期望空隙率的差值不宜超过±1%。如不符合要求,应重新调整沥青用量拌和沥青混合料进行试验,直至符合要求为止。

第四节 沥青路面处置

一、冷拌沥青混合料施工

(一)冷拌沥青混合料的适用情况和材料与级配的选择

冷拌沥青混合料适用于三级及三级以下的公路的沥青面层、二级公路的罩面层施工以及各级公路沥青路面的基层、连结层或整平层。

冷拌改性沥青混合料可用于沥青路面的坑槽冷补。冷拌沥青混合料宜采用乳化沥青或液体沥青拌制,也可采用改性乳化沥青。乳化沥青碎石混合料的乳液用量应根据当地实践经验以及交通量、气候、集料情况、沥青标号、施工机械等条件确定,也可按热拌沥青混合料的沥青用量折算,实际的沥青残留物数量可较同规格热拌沥青混合料的沥青用量减少 10% ~ 20%。冷拌沥青混合料宜采用密级配沥青混合料,当采用半开级配的冷拌沥青碎石混合料路面时应铺筑上封层。冷拌沥青混合料可参照相应的矿料级配使用,并根据已有的成功经验经试拌确定设计级配范围和施工配合比。①

(二)冷拌沥青混合料路面施工应注意的问题

第一,冷拌沥青混合料宜采用拌和厂机械拌和及沥青摊铺机摊铺的方式,缺乏厂拌条件时也可采用现场路拌及人工摊铺方式。冷拌沥青混合料施工应注意防止混合料离析。

第二,当采用阳离子乳化沥青拌和时,宜先用水使集料湿润,若湿润后仍难以与乳液拌和均匀时,应改用破乳速度更慢的乳液,或用 1% ~ 3% 浓度的氯化钙水溶液代替水润湿集料表面。

第三,混合料适宜的拌和时间应根据实际情况调节并通过试拌确定,矿料中加进乳液后的机械拌和时间不宜超过 30 s,人工拌和时间不宜超过 60 s。

①蔡石渠. 冷拌沥青混合料路用性能研究[J]. 华东公路,2020(4):107-108.

第四，已拌好的混合料应立即运至现场进行摊铺，并在乳液破乳前结束。在拌和与摊铺过程中已破乳的混合料，应予废弃。

第五，乳化沥青冷拌混合料摊铺后宜采用6 t左右的轻型压路机初压1～2遍，使混合料初步稳定，再用轮胎压路机或钢筒式压路机碾压1～2遍。当乳化沥青开始破乳、混合料由褐色转变成黑色时，改用12～15 t轮胎压路机碾压，将水分挤出，复压2～3遍后停止，待晾晒一段时间，水分基本蒸发后继续复压至密实为止。当压实过程中有推移现象时应停止碾压，待稳定后再碾压。当天不能完全压实时，可在较高气温状态下补充碾压。当缺乏轮胎压路机时，也可采用钢筒式压路机或较轻的振动压路机碾压。

第六，乳化沥青混合料路面的上封层应在压实成型、路面水分完全蒸发后加铺。

第七，乳化沥青混合料路面施工结束后宜封闭交通2～6 h，并注意做好早期养护。开放交通初期，应设专人指挥，车速不得超过20 km/h，不得刹车或掉头。

第八，冷拌沥青混合料施工遇雨应立即停止铺筑，以防雨水将乳液冲走。

(三)冷补沥青混合料的质量要求

第一，用于修补沥青路面坑槽的冷补沥青混合料，宜采用适宜的改性沥青结合料制造，并具有良好的耐水性。

第二，沥青用量通过试验并根据实际使用效果确定，通常宜为4%～6%。其级配应符合补坑的需要，粗集料级配必须具有充分的嵌挤能力，以便在未经充分碾压的条件下可开放通车碾压而不松散。

第三，冷补沥青混合料的质量宜符合下列要求。包括：①制造冷补沥青混合料的集料必须符合热拌沥青混合料集料的质量要求。②有良好的低温操作和易性。用于冬季寒冷季节补坑的混合料，应在松散状态下经-10 ℃的冰箱保持24 h无明显的凝聚结块现象，且能用铁铲方便地拌和操作。③有良好的耐水性，混合料按水煮法或水浸法检验的抗水剥落性能(裹覆面积)不得小于95%。④冷补沥青混合料应有足够的黏聚性，马歇尔试验稳定度宜不小于3 kN。

二、温拌沥青混合料路面施工

(一)温拌沥青技术和适用的工程

温拌沥青技术是指用于沥青路面铺筑的沥青混合料,通过加入某种添加剂(即温拌剂),实现混合料拌和、施工温度降低20~30 ℃,而其品质(使用性能)不下降的沥青混合料路面施工技术。温拌沥青混合料和热拌沥青混合料一样,适用于路面工程的各沥青结构层,尤其适用于以下工程。

第一,对环保要求高的城市道路、人口密集区道路等工程。

第二,道路维修养护时罩面工程。

第三,早春、秋末及初冬施工环境温度较低时的工程。

(二)温拌沥青技术的优点

1.高温下的有害气体排放减少

据国外的检测报告,沥青混合料从热拌转为温拌可使二氧化碳排放减少约1/2,一氧化碳排放减少约2/3,二氧化硫减少40%,氧化氮类减少近60%,采用温拌沥青混合料技术的环保效益是非常明显的。

2.能耗降低

温拌沥青新技术施工温度低(比传统热拌沥青混合料施工温度降低20~30 ℃),能够减少燃油等高碳能源消耗,一般采用温拌沥青混合料可降低燃油消耗30%以上。

3.能够实现在低温季节的施工

沥青路面铺筑需要在高温状态下施工,因此施工季节集中在炎热的夏季。温拌沥青技术可以使传统热拌沥青混合料对施工温度严格控制的要求得以放宽,可适当延长作业时间,保证压实质量;在较低环境温度下施工,延长施工期。

(三)温拌沥青技术的主要生产方式

1.有机添加剂法

该方法是将低熔点的有机添加剂添加到沥青或沥青混合料中,改变胶结料的黏温曲线。目前成功应用的化学添加剂有两类:合成蜡和低分子量酯类化合物,其中以费—托固体石蜡合成蜡为主。费—托固体石蜡可改善混合料的压实性能,同时提高沥青混合料高温性能。

费—托固体石蜡可以在拌和厂使用简单的搅拌器拌入沥青中，但不推荐直接将固体费—托固体石蜡投入拌缸进行直接拌和，这样会造成沥青中费—托固体石蜡的分布不均。

2.沥青—矿物法

该方法采用一种合成沸石，在沥青混合料拌和过程中将这种粉末状材料加入进去，从而在结合料中产生泡沫作用。从化学角度讲，沸石其实就是一种含有18%左右结合水的硅酸铝矿物，当加入沥青混合料中大约0.3%（重量比）的该种沸石时，水分会随着时间的延长而慢慢释放出来，从而产生连续的发泡反应。液相结合料中的发泡反应起到润滑剂的作用从而使混合料在较低温度下具有可工作性，拌和温度可低至130 ℃ ~ 145 ℃。

3.温拌泡沫沥青混合料

该方法是将软质结合料和硬质泡沫结合料在拌和的不同阶段加入混合料中，温拌泡沫沥青混合料的第一阶段是将温度为100 ℃ ~ 120 ℃的软质沥青加入集料中进行拌和以达到良好裹附。第二阶段，将极硬的结合料泡沫化后加入预裹覆的集料中。这样，软质结合料和泡沫化的硬质结合料都起到降低胶结料黏度的作用，从而实现良好的工作性，得到最终满足需要的沥青混合料。

4.基于表面活性剂的温拌沥青混合料

用表面活性剂配制一定浓度的水溶液（简称为浓缩液），在沥青加入拌和锅的同时，将浓缩液喷到沥青上再与集料一起拌和，经充分搅拌后生产出温拌混合料。以出料温度为120 ℃的温拌沥青混合料为例，其拌和工艺为在拌和锅中将135 ℃的热集料充分干拌，下一步在130 ℃左右的沥青开始喷出后随即将50 ℃左右的乳化剂水溶液也喷出，经过充分拌和即生产出120 ℃左右的温拌混合料，该工艺称为浓缩液温拌法。

（四）温拌沥青混合料的使用应符合的基本规定

第一，温拌沥青混合料和热拌沥青混合料一样，按集料公称最大粒径、矿料级配、空隙率等进行分类。

第二，用于各结构层的温拌沥青混合料，应满足所在层位的功能要求，便于施工，不易离析。各层宜连续施工并联结成为一个整体，以保证沥青路面的使用性能。

第三，与热拌沥青混合料一样，温拌沥青混合料面层的集料最大粒径宜从上至下逐渐增大，并应与厚度相匹配。对密级配沥青混合料各层的压实厚度不宜小于集料公称最大粒径的2.5～3倍，对SMA等嵌挤型混合料不宜小于公称最大粒径的2～2.5倍，以减少离析，便于压实。

第四，温拌沥青层铺筑前，应检查下卧层的质量，不符要求的不得铺筑。下卧层已被污染时，必须清洗或经铣刨处理后方可铺筑温拌沥青混合料。

第五，温拌沥青混合料施工温度应根据沥青标号、气候条件、铺装层厚度等综合确定。

（五）温拌沥青混合料的配合比设计的注意事项

第一，温拌沥青混合料的配合比设计和热拌沥青混合料一样，必须在对同类沥青路面配合比设计和使用情况调查研究的基础上，充分借鉴成功的经验，选用符合要求的材料，进行配合比设计。

第二，温拌沥青混合料的矿料级配应符合规定的设计级配范围。温拌密级配沥青混凝土混合料（WAC）宜根据道路等级、气候及交通条件选择采用粗型或细型混合料。

第三，温拌沥青混合料采用马歇尔试验配合比设计方法进行混合料设计，当采用其他方法设计温拌沥青混合料时，仍应进行马歇尔试验及各项配合比设计检验，并报告不同设计方法各自的试验结果。

第四，高速公路、一级公路和城市快速路、主干路用温拌沥青混合料的设计应包括目标配合比设计、生产配合比设计、生产配合比验证三个阶段。

1.生产配合比设计阶段。对间歇式拌和机，应按规定方法取样测试各热料仓的材料级配，确定各热料仓的配合比，供拌和机控制室使用。同时选择适宜的筛孔尺寸和安装角度，尽量使各热料仓的供料大体平衡。并取目标配合比设计的最佳沥青用量等进行马歇尔试验和试拌，通过室内试验及从拌和机取样试验综合确定生产配合比的最佳沥青用量，由此确定的最佳沥青用量与目标配合比设计的结果，差值不宜大于±0.2%。对连续式拌和机可省略生产配合比设计步骤。

2.生产配合比验证阶段。拌和机按生产配合比结果进行试拌、铺筑试验段，并取样进行马歇尔试验，同时从路上钻取芯样观察空隙率的大小，由此确定生产用的标准配合比。标准配合比的矿料合成级配中，至少应包括

0.075 mm、2.36 mm、4.75 mm及公称最大粒径筛孔的通过率接近优选的工程设计级配范围的中值，并避免在0.3～0.6 mm处出现“驼峰”。对确定的标准配合比，宜再次进行车辙试验和水稳定性检验。

（六）温拌沥青混合料拌和设备的要求

第一，温拌沥青混合料必须在沥青拌和厂（场、站）采用拌和机械拌制。

第二，温拌沥青混合料可采用间歇式拌和机或连续式拌和机拌制。拌制高速公路、一级公路和城市快速路、主干路用温拌沥青混合料时，宜采用间歇式拌和机拌和。采用连续式拌和机时，使用的集料必须稳定。

第三，拌制温拌沥青混合料时，根据需要可在普通沥青混合料拌和设备上安装温拌添加剂的添加装置。添加装置计量应正确，精度满足温拌添加剂添加量的允许误差要求。温拌添加剂的添加情况宜在拌和设备的控制台上在线显示。

第四，根据需要，宜在沥青混合料拌和设备的拌和缸上设置排气口（口径20 cm左右），及时将可能产生的水蒸气排出。

三、沥青贯入式路面施工

（一）沥青贯入式路面适用的公路和优缺点

沥青贯入式路面适用于三级及三级以下公路，也可作为沥青路面的连结层或基层。

优点是当缺乏沥青拌和机及摊铺机等设备时，可以施工沥青路面。而且沥青贯入式路面充分利用粗集料之间的嵌挤，所以它的抗车辙能力较强。但是相比起热拌沥青混合料来说，它的渗水性较大，且沥青用量也大，尤其是施工质量管理较困难。

沥青贯入式路面的厚度宜为4～8 cm，但乳化沥青贯入式路面的厚度不宜超过5 cm。当贯入层上部加铺拌和的沥青混合料面层成为上拌下贯式路面时，拌和层的厚度宜不小于1.5 cm。

沥青贯入式路面的最上层应撒布封层料或加铺拌和层。沥青贯入层作为连结层使用时，可不撒表面封层料。

铺筑上拌下贯式路面时，贯入层不撒布封层料，拌和层应紧跟贯入层施工，使上下成为一整体。贯入部分采用乳化沥青时应待其破乳、水分蒸发且成型稳定后方可铺筑拌和层，当拌和层与贯入部分不能连续施工，且要在短期内通行施工车辆时贯入层部分的第二遍嵌缝料应增加用量，在摊铺拌和层沥青混合料前，应作补充碾压，并浇洒粘层沥青。

（二）沥青贯入式路面的材料与材料用量

第一，沥青贯入式路面的集料应选择有棱角、嵌挤性好的坚硬石料，其规格和用量宜根据贯入层厚度选用。沥青贯入层主层集料中大于粒径范围中值的数量不宜少于50%。表面不加铺拌和层的贯入式路面在施工结束后每1 000 m^{2}宜另备2～3 m^{3}与最后一层嵌缝料规格相同的细集料等供初期养护使用。

第二，沥青贯入层的主层集料最大粒径宜与贯入层厚度相当。当采用乳化沥青时，主层集料最大粒径可采用厚度的0.8～0.85倍，数量宜按压实系数1.25～1.3计算。

第三，沥青贯入式路面的结合料可采用道路石油沥青、煤沥青或乳化沥青，沥青标号按公路沥青路面施工技术规范选用。

第四，贯入式路面各层分次沥青用量应根据施工气温及沥青标号等在规定范围内选用，在寒冷地带或当施工季节气温较低、沥青针入度较小时，沥青用量宜用高限。在低温潮湿气候下用乳化沥青贯入时，应按乳液总用量不变的原则进行调整，上层较正常情况适当增加，下层较正常情况适当减少。

（三）沥青贯入式路面施工步骤

第一，沥青贯入式路面施工前，基层必须清扫干净。当需要安装路缘石时，应在路缘石安装完成后施工。路缘石应予遮盖。

第二，乳化沥青贯入式路面必须浇洒透层或黏层沥青。沥青贯入式路面厚度小于或等于5 cm时，也应浇洒透层或夹层沥青。

第三，采用碎石摊铺机、平地机或人工摊铺主层集料，铺筑后严禁车辆通行。

第四，碾压主层集料。撒布后应采用6～8 t的轻型钢筒式压路机自路两侧向路中心碾压，碾压速度宜为2 km/h，每次轮迹重叠约30 cm，碾压一遍后检验路拱和纵向坡度，当不符合要求时，应调整找平后再压。然后用重型的钢轮压路机碾压，每次轮迹重叠1/2左右，宜碾压4～6遍，直至主层集料嵌挤稳定，无显著轮迹为止。

第五，浇洒第一层沥青。采用乳化沥青贯入时，为防止乳液下漏过多，可在主层集料碾压稳定后，先撒布一部分上一层嵌缝料，再浇洒主层沥青。

第六，采用集料撒布机或人工撒布第一层嵌缝料。撒布后尽量扫匀，不足处应找补。当使用乳化沥青时，石料撒布必须在乳液破乳前完成。

第七，立即用8～12 t钢筒式压路机碾压嵌缝料，轮迹重叠轮宽的1/2左右，宜碾压4～6遍，直至稳定为止。碾压时随压随扫，使嵌缝料均匀嵌入。因气温较高使碾压过程中发生较大推移现象时，应立即停止碾压，待气温稍低时再继续碾压。

第八，按上述方法浇洒第二层沥青、撒布第二层嵌缝料，然后碾压，再浇洒第三层沥青。

第九，按撒布嵌缝料方法撒布封层料。

第十，采用6～8 t压路机做最后碾压，宜碾压2～4遍，然后开放交通。

四、橡胶沥青混合料路面施工

（一）橡胶沥青混合料试验路段的准备工作和注意事项

1.准备工作

第一，试验路段的长度应根据试验目的确定，通常宜为100～200 m，宜选在正线上铺筑。

第二，试验路段的铺设应按照正常生产施工时的条件，在各种机械设备、人员到位的条件下，方可开工。

第三，试验路段应在生产配合比完成后，经业主和监理同意后方可开工。

2.注意事项

第一，试验路施工应严格按照生产配合比确定的配比参数、按照正常的施工状态（包括施工机械和人员）进行施工。

第二，橡胶（粉）沥青混合料性能试验的材料应从摊铺现场取料。

第三，在混合料拌和过程中，应注意热料仓的进料是否均衡。在级配范围允许的条件下，确定是否需要调整热料仓比例，并进行相应的混合料性能试验。

（二）橡胶沥青混合料的拌和的要求

第一，冷料仓之间的隔板高度不宜低于70 cm，避免在生产过程中造成料仓中原料混杂。

第二，拌和机的矿粉仓应配备振动装置以防止矿粉起拱。添加消石灰、水泥等外掺剂时，宜增加粉料仓，也可由专用管线和螺旋升送器直接加入拌和锅，若与矿粉混合使用时应避免二者因密度不同发生离析。

第三，沥青混合料拌和时间根据具体情况经试拌确定，以沥青均匀裹覆集料为度。间歇式拌和机每盘的生产周期不宜少于50～60 s（其中干拌时间不少于15～20 s）。

第四，间歇式拌和机宜备有保温性能好的成品储料仓，储存过程中混合料温降不得大于5 ℃，且不能有沥青滴漏。橡胶沥青混合料宜随拌随用，储存时间不宜超过10 h。

第五，采用干拌法工艺时，废胎胶粉必须在混合料中充分分散，拌和均匀。拌和机应配备同步添加料投料装置，废胎胶粉宜在集料投入的同时自动加入，经5～10 s的干拌后，再投入矿粉。工程量很小时也可分装成塑料小包或由人工量取直接投入拌和锅。

第六，应充分利用拌和楼的热料仓。

第七，拌和楼在生产过程中应打印每盘料的生产数据，包括每盘料各个热料仓的矿料量、填料、沥青和废胎胶粉的质量（对于干拌工艺）、拌和的时间（精确到秒）。

（三）橡胶沥青混合料运输

第一，由储料仓向运料车装混合料时，要尽量缩短储料仓出料口到车厢板的距离，要分别在车厢的不同位置分次卸料。先在车厢的后部装一部分料，再在车厢的前部装一部分料，然后再在车厢中部装一部分料。如车厢的容量大，可以分成五次装料，先在车厢后部装两堆料，再在车厢前部装两堆料，最后在车厢中间装一堆料。这样可减轻装料过程中集料的离析现象。

第二，运料车需要有足够的数量，能将拌和机生产的混合料及时运送到铺筑现场。

第三，现场应设专人指挥运料车就位，并使其配合摊铺机卸料。

（四）橡胶沥青混合料的摊铺

第一，运料车向摊铺机受料斗中卸料时，要根据受料斗的容量，尽可能快速一次将受料斗装满，以减少集料离析。但要注意不要一次卸料过多，使料溢出料斗，散落到待铺下承层上。

第二，应将散落在下承层上的沥青混合料，用铁锹铲出放到受料斗内，不能将料就地铲开薄层铺平。因摊成的薄层料的温度下降很快，摊铺机铺上新混合料和碾压后，实际上会导致沥青混凝土层局部的不均匀性。散落在下承层上的少量沥青混合料，应铲起清除路外。

第三，受料斗中的沥青混合料要及时送到后面分料室中。分料室的螺旋分料器要及时将料分向两侧，直到混合料的高度达到全长螺旋分料器的3/4高度，即混合料的高度要超过螺旋分料器的转轴并将上部分料器掩埋1/2，然后再开始摊铺。在摊铺过程中，受料斗中的沥青混合料要连续不间断向后面分料室送料，螺旋分料器也要不间断地将混合料向两侧分料，并始终保持螺旋分料器周围混合料的高度。混合料的高度不能忽高忽低，分料器的转轴不能时隐时现，也不能使转轴的两端在混合料内，中间外露，或中间在混合料内，两端外露。因为这些现象都将影响铺成沥青混凝土的均匀性和平整度。

第四，在受料斗内混合料不多时，指挥人员应估计运料车中剩余混合料能否一次卸完到受料斗中。如能一次卸完，应指挥运料车驾驶员将混合料一次卸入受料斗中。但要注意不使混合料溢出受料斗和散落在下承层上，同时指挥卸完料的运料车尽快离开摊铺机，并指挥待卸料的运料车尽快后退到摊铺机受料斗前，准备卸料。

第五，受料斗两侧翼板内的混合料，常是粗颗粒较多的离析混合料。在料斗中间部分混合料较少时，摊铺机操作员习惯上会将两侧翼板内的离析混合料向中间翻倒。如果这部分混合料被单独送到分料室中，并摊铺在下承层上，则摊铺机后面接近两侧铺成的沥青混凝土会产生片状离析现象。为避免发生上述现象，指挥人员要指挥已到受料斗前待卸料的运料车在受料斗中部离析混合料还没有被向后面分料室输送前，及时向受料斗中卸入新混合料，使新混合料与原离析混合料一起被送到分料室中，并由螺旋分料器将新旧混合料分散开，这样能减少集料离析现象。

第六，为避免发生片状离析现象，也可以不将两侧翼板内的离析混合料向中间翻倒。中间混合料不足时，运料车及时向受料斗内倾卸混合料。在中

断摊铺时，将两侧翼板内的混合料废弃不用

第七，摊铺机必须缓慢、均匀、连续不间断地摊铺，不得随意变换速度或中途停顿，以提高平整度，减少混合料的离析。摊铺速度宜控制在1～3 m/min，也可由试验路确定。当发现混合料出现明显的离析、波浪、裂缝、拖痕时，应分析原因，予以消除。

第八，为减少摊铺过程中的离析问题，提高路面的摊铺质量，宜采用运料转输车配合摊铺使用。

第九，对高等级道路，橡胶沥青混合料的松铺系数应通过试验路段的试铺、试压确定。对于低等级道路松铺系数可通过试验路确定，也可按照经验确定，一般为1.18～1.2。

（五）橡胶沥青混合料的压实

第一，压路机轮上的淋水喷头，应疏通、调试好，应能够有效控制喷水量。在碾压过程中，根据情况应随时调整喷水的大小，且不得过度喷水碾压。同时，给压路机添水的水车，应随时跟在压路机后面，便于压路机及时加水。

第二，在整个碾压过程中，应有专人指挥，负责碾压各个阶段的衔接。

第三，橡胶沥青混凝土碾压温度的高低与橡胶沥青的黏度有关，黏度越大，碾压温度越高。橡胶沥青混凝土的初压温度一般不宜低于155 ℃，复压温度不宜低于135 ℃，终压的结束温度不宜低于90 ℃。当混合料的摊铺厚度大于80 mm时，初压温度不宜低于150 ℃。

（六）橡胶沥青混合料的初压

第一，初压应紧跟在摊铺机后进行，并保持较短的初压区长度，以尽快使表面压实，减少热量散失。

第二，橡胶沥青混合料宜采用重型轮胎压路机初压2～3遍，提高混合料碾压的密实性。压路机吨位应不小于25 t。当轮胎压路机上路碾压前，应将轮胎清理干净，并用水与煤油（或柴油）的混合液（比例1∶1左右）擦拭轮胎。在整个碾压过程中，轮胎压路机不可洒水，以保持高温碾压。同时每个轮胎压路机跟随1名工人，用拖把蘸混合液不时擦拭轮胎，防止粘轮。

第三，当采用振动压路机初压时，可直接采用“高频、低振”的模式进行碾压1～2遍。碾压时应将压路机的驱动轮面向摊铺机，从外侧向中心碾压，在超高路段则由低向高碾压,在坡道上应将驱动轮从低处向高处碾压。在整个碾压过程中应控制钢轮上的洒水量,以刚好不粘轮的洒水量为宜。

第四,初压后应检查平整度、路拱,有严重缺陷时进行修整乃至返工。

(七)橡胶沥青混合料的复压

第一,复压应紧跟在初压后进行,且不得随意停顿。压路机碾压段的总长度应尽量缩短,通常不超过50 m。采用不同型号的压路机组合碾压时宜安排每一台压路机做全幅碾压,防止不同部位的压实度不均匀。

第二,宜优先采用振动压路机复压。钢轮压路机的静压力应不低于11 t。振动压路机的振动频率宜为35 ~ 50 Hz,振幅宜为0.3 ~ 0.8 mm。层厚较大时选用高频率大振幅,以产生较大的激振力,厚度较薄时采用高频率低振幅,以防止集料破碎。相邻碾压带重叠宽度为100 ~ 200 mm。振动压路机折返时应先停止振动。

第三,当采用三轮钢筒式压路机时,总质量不宜小于12 t,相邻碾压带宜重叠后轮的1/2宽度,并不应少于200 mm。

第四,对路面边缘、加宽及港湾式停车带等大型压路机难于碾压的部位,宜采用小型振动压路机或振动夯板作补充碾压。

第五,终压可选用双轮钢筒式压路机或关闭振动的振动压路机碾压不宜少于两遍,至无明显轮迹为止。

第六,在复压结束后,应由施工人员用3 m直尺检测路面的纵向平整度,结合终压及时修补,以保证良好的平整度水平。

(八)橡胶沥青混凝土路面施工接缝的要求

第一,沥青路面的施工必须接缝紧密,连接平顺,不得形成明显的接缝离析。

第二,上、下层的纵缝均应错开150 mm(热接缝)或300 ~ 400 mm(冷接缝)以上。

第三,相邻两幅及上、下层的横向接缝均应错位1 mm以上。

第四,接缝施工应用3 mm直尺检查,确保平整度符合要求。

第五节 厂拌法施工沥青路面

热拌沥青混合料路面通常采用厂拌法施工,厂拌法施工过程可分为沥青混合料的拌制、运输铺筑及碾压成型等几个阶段,下面针对这几个阶段做具体分析。

一、搅拌站建设与搅拌设备

热拌沥青混合料在生产过程中会产生粉尘、废气、废油等污染,搅拌站设置必须符合国家有关环境保护、消防、安全等规定。搅拌站与工地现场的距离应充分考虑道路条件,确保不会因运输而导致混合料冷却至规定温度以下,避免混合料因颠簸而产生离析。搅拌站应有功能完善的防排水设施,各种原材料应分仓堆放,细集料、矿粉等应有防雨顶棚,站内道路应做硬化处理,防止泥土污染集料。

热拌沥青混合料可采用间歇式拌和机或连续式拌和机拌制。前者是在每盘拌和时计量混合料各种材料的重量,而后者则在计量各种材料之后连续不断地送进拌和器中拌和。为保证沥青混合料的质量稳定、沥青用量准确,高速公路和一级公路的沥青混凝土宜采用间歇式拌和机拌和。当工程材料从多处供料、来源或质量不稳定时,不得采用连续式拌和机。各类拌和机均应有防止矿粉飞扬散失的密封性能及除尘设备,并有检测拌和温度的装置。搅拌系统的各种传感器必须做定期检查,确保各种材料计量准确。

高速公路和一级公路用的间歇式搅拌系统必须配备计算机设备,拌和过程中能逐盘采集并打印各传感器测定的材料用量和沥青混合料拌和量、拌和温度等各种参数。每个台班结束时打印出一个台班的统计量并用于施工质量检查。

二、混合料的拌制

在拌制沥青混合料之前,应根据确定的配合比进行试拌。试拌时对所用的各种矿料及沥青应严格计量。通过试拌和抽样检验确定每盘热拌的配合比及其总重量(对间歇式拌和机),或各种矿料进料口开启的大小及沥青和矿料进料的速度(对连续式拌和机)、适宜的沥青用量、拌和时间、矿料和沥青加热温度以及沥青混合料出厂的温度。对试拌沥青混合料进行试验之后，即可选定施工的配合比。

为保证沥青混合料的质量，需要控制拌制温度、运输温度、摊铺温度及碾压温度。尤其应严格控制沥青加热温度，沥青温度过低，混合料拌和不均匀；沥青加热温度过高，可能会导致沥青老化。集料烘干后的残余含水率不超过1%。沥青混合料拌和的时间根据具体情况经试拌确定，以沥青均匀裹覆集料为度、间歇式搅拌系统的每盘生产周期不宜少于45 s(其中干拌时间不少于5～10 s)。改性沥青和SMA混合料的拌和时间应适当延长。经拌和后的沥青混合料应均匀一致，无花白料，无结团成块或严重的粗细料分离现象，不符合要求时不得使用，并应及时统计相关参数。

生产添加纤维的沥青混合料时，必须将纤维充分分散到混合料中，搅拌均匀。拌和机应具有同步添加投料设备，松散的絮状纤维可在喷入沥青的同时或稍后采用风送设备喷入拌和机，搅拌时间延长5 s以上。颗粒纤维在粗集料投入的同时自动加入，经5～10 s的干拌后，再投入矿粉。

三、混合料运输

热拌沥青混合料应采用较大吨位的自卸汽车运输，车厢应清扫干净。为防止沥青与车厢板黏结，车厢侧板和底板可涂一薄层油水混合液(柴油与水的比例可达1∶3)，但不得有余液积聚在车厢底部。混合料运输所需的车辆数可按下式计算：

$$\text{需要的车辆数}=1+\frac{t_1+t_2+t_3}{T}+a \tag{4-7}$$

式中，T——一辆车容量的沥青混合料拌和与装车所需的时间，min；

t_1——运到铺筑现场所需的时间，min；

t_2——由铺筑现场返回拌和厂所需的时间，min；

t_3——在现场卸料和其他等待时间，min；

a——备用的车辆数(运输车辆发生故障及其他用途时使用)。

沥青混合料运输车的运量应较拌和能力或摊铺能力有所富余，施工过程中摊铺机前方应有运料车在等候卸料。对高速公路和一级公路，开始摊铺时在施工现场等候卸料的运料车不宜少于5辆。

从储料斗向运输车辆卸料时，应多次挪动车辆位置，平衡装料，以减少混合料离析。运输车应有保温、防雨、防污染措施。车辆在施工现场不得超载运输，或急制动、急转弯使透层、封层受到损伤。车轮不能带入泥土等外物污染摊铺现场。

向摊铺机卸料时，运料车在摊铺机前方100～300 mm处停住，空档等候，由摊铺机推动缓缓前进并开始卸料，避免撞击摊铺机。有条件时可将混合料卸入转运车经二次拌和后再向摊铺机连续均匀地供料。每次卸料务必倒净，尤其是改性沥青混合料和SMA混合料，防止余料结块。应检查每车来料的温度是否达到要求，是否遭雨淋或结团成块。

四、混合料摊铺

（一）下承层准备和放置

沥青混合料面层铺筑前，应对其下的基层或旧路面的厚度、密实度、平整度、路拱等进行检查。基层或旧路面若有坎坷不平、松散、坑槽等，必须在混合料铺筑之前整修完毕，并清扫干净。为使铺筑层与下承层黏结良好、在铺筑前4～8 h，在粒料类的下承层上洒布透层沥青；若下承层为旧沥青路面或水泥混凝土路面，则要在旧路面上洒布一层粘层沥青；若下承层为灰土类基层，为防止水渗入基层，加强基层与面层的粘结，要在面层铺筑前铺下封层。

在做好下承层准备的同时，进行必要的施工测量，作为混合料摊铺控制高程、厚度、平整度的依据。

（二）摊铺

热拌沥青混合料应采用沥青混合料摊铺机摊铺。对高速公路和一级公路路面，一台摊铺机的铺筑宽度不宜超过6～7.5 m，避免造成混合料离析。应采用两台或更多台数摊铺机布置成梯队形式同步摊铺，相邻摊铺机之间间距控制在10～20 m、摊铺范围搭接30～60 mm，并避开车道轮迹带，上下层的搭接位置错开200 mm以上。

摊铺机开工前应提前0.5～1 h预热熨平板，至不低于100 ℃。摊铺过程中合理选择熨平板的振捣或夯锤压实装置，使其具有适宜的振动频率和振幅，以提高路面的初始压实度。摊铺机必须缓慢、均匀、连续不间断地作业，不得随意变换速度或中途停顿；摊铺机的螺旋布料器应根据摊铺速度保持均匀、稳定旋转，两侧混合料不低于布料器高度的2/3，以减少混合料离析，提高路面平整度。摊铺速度控制在2～6 m/min范围内，对改性沥青混合料或SMA混合料则应放慢至1～3 m/min。当发现混合料出现明显的离析、波浪、裂缝、拖痕时，应查明原因并消除。

用机械摊铺的混合料，不宜用人工反复修正。局部机械无法摊铺的部位不可避免用人工找补时，应仔细进行，严防混合料降温过多和离析。

应采用自动找平方式控制摊铺高程，下面层或基层采用钢丝引导的高程控制方式，上面采用平衡梁或雪橇式厚度控制方式，中面层根据情况选用其中一种。沥青混合料的松铺系数应根据试铺试压确定。

五、混合料压实与成型

混合料压实是获得高质量、高路用性能沥青路面的关键工序之一，必须重视混合料压实工作。压实成型的沥青混合料应满足规定压实度和平整度要求。

沥青混凝土的压实厚度不宜超过100 mm，沥青稳定碎石混合料最大压实厚度不宜超过120 mm。应配备数量足够的碾压设备，选择合理的压路机组合方式及初压、复压、终压的碾压步骤，以达到最佳压实效果。高速公路铺筑双车道路面的压路机数量不宜少于5台。施工温度低、风大、碾压层薄时，压路机数量应适当增加。

压路机应以慢而均匀的速度碾压，不应突然改变压路机行走路线和碾压方向，碾压区的长度应保持大体一致，两端的折返位置随摊铺机前进而不断向前推进，且横向不得在相同的断面上。

SMA混合料不宜采用轮胎压路机碾压，以防止沥青结合料搓揉挤压上浮。通常采用振动压路机按“紧跟、慢压、高频、低幅”的原则进行碾压。OGFC混合料采用12 t的钢筒压路机碾压，碾压过程中保持碾压轮清洁，有混合料粘轮时应立即清除。当采用向碾压轮喷水避免粘轮时，必须控制喷水量且呈雾状，不得漫流，防止混合料降温过快造成温度离析。

六、接缝处理与开放交通

沥青路面的各种施工缝，由于压实不足易产生病害，施工时必须十分注意，保证其紧密、平顺。

纵缝应采用热接缝。施工时应将已铺混合料部分留下10～20 cm宽暂不碾压，作为后摊铺部分的高程基准面，最后做跨缝碾压以消除缝迹。半幅施工不能采用热接缝时，应加设挡板或采用切刀切齐。摊铺另半幅前必须将缝边缘清扫干净，并浇洒少量粘层沥青。

相邻两幅及上下层的横向接缝应错位1 m以上。对高速公路和一级公路，中下层的横向接缝可采用斜接缝，在上面层采用垂直的平接缝。其他等级公路的各层均可采用斜接缝。铺筑接缝时，可在已压实部分上面铺设一些热混合料使之预热软化，以加强新旧混合料的粘接。但在开始碾压前应将预热用的混合料铲除。

热拌沥青混合料路面应待摊铺层完全自然冷却，混合料表面温度低于50 ℃后，方可开放交通。需提早开放交通时，可洒水冷却降低混合料温度。

第五章 桥梁工程基础施工

第一节 桥梁工程概述

任何结构物都建造在一定的地层之上，结构物的全部荷载最终都是由地层来承担的，人们将地层中直接感受到结构物荷载的那一部分称为地基，将地基与结构物接触的那一部分称为基础。

桥梁分为下部结构和上部结构，上部结构是指桥跨部分，下部结构则包含桥墩、桥台和基础。

桥梁基础工程的设计和施工涵盖了桥梁的基础与地基两个方面。

地基和基础受上部荷载和周围其他荷载作用后将产生附加变形和应力。为了保证结构物的使用安全，地基和基础必须具备一定的强度和稳定性，变形也应在允许范围内。

基础工程是桥梁结构的重要组成部分，对于桥梁结构的安全、稳定和正常使用都起着举足轻重的作用，往往在整个桥梁的工程造价中占有很大的比例。

一、地基分类

地基可分为天然地基与人工地基。

（一）天然地基

其指可直接放置桥梁基础的天然土层。

（二）人工地基

若天然土层强度不够，则在桥梁荷载作用下容易发生较大的变形；或者天然土层有其他不良工程地质问题，需要通过人工处理或加固之后才能修筑桥梁基础，这种地基称为人工地基。

二、基础分类

根据埋置深度，基础可分为浅基础和深基础。浅基础可分为刚性基础和柔性基础，深基础可分为桩基础、沉井基础、地下连续墙基础和组合基础等。桥梁结构最常见的两种基础形式如图5-1所示。

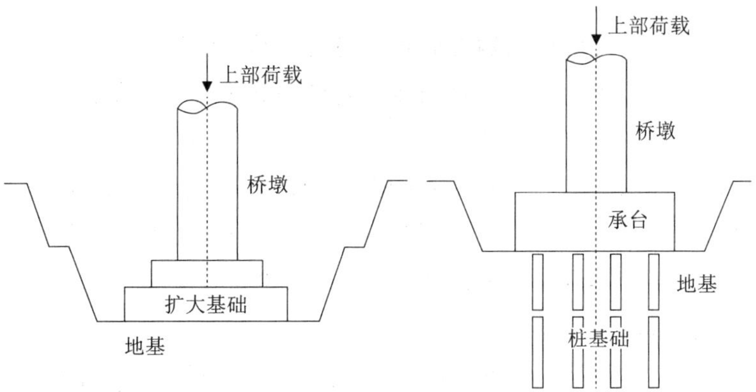

（a）明挖扩大浅基础　　（b）钻孔灌注桩基础

图5-1 桥梁结构最常见的两种基础形式

深基础的基本特征如下：

①由于浅层土质不良，需将基础埋置于土质良好的深层土中，因此施工较为复杂，施工难度较大。

②由于基础埋深较大，往往部分或全部基础将置于地下水位以下，成为深水基础。

③我国桥梁工程的基础绝大部分为深基础，基础形式主要是“承台+桩基础”，特殊情况下采用沉井基础。

④桥梁深基础的结构主要是钢筋混凝土结构。

三、基础工程的重要性

基础工程的重要性表现在以下三个方面：

①基础工程属于隐蔽工程，如有缺陷难以发现，也难以弥补和修复，而这些缺陷往往直接影响着整个桥梁工程的正常使用，甚至安全。

②桥梁基础绝大部分为深基础，甚至是深水基础，施工难度大，经常控制了整个桥梁工程的施工进度。

③在复杂地质（包括深水）条件下，桥梁基础的施工成本非常高，经常在

整个桥梁工程的造价中占据很高的比例。

第二节 浅基础

浅基础可直接将桥梁结构的荷载传递给地基,并且构造简单、受力明确、施工方便。在场地土质提供的承载能力允许和施工可行的条件下,浅基础是桥梁结构基础中应用较为广泛的基础形式。

浅基础施工的主要特点如下:①埋置深度较浅(通常为数米以内),施工比较简单。②由于浅基础一般采用明挖法进行施工,故又称为明挖基础或明挖扩大基础。明挖基础最重要的特点是不需要桩基,只要地基承载力能够达到设计要求就可以进行基础的施工。

按照建筑材料和受力特点,浅基础可分为刚性基础和柔性基础两大类。

刚性基础通常采用砖、石、灰土、混凝土等抗压强度大而抗弯、抗剪强度小的材料建造,因此适于建造在刚度较大、变形较小的地基之上。刚性基础承受荷载后均匀沉降,不能扩散应力,因此基底反力的分布与作用于基础上荷载的分布几乎完全一致。

柔性基础通常采用抗拉、抗压、抗弯、抗剪性能均较好的钢筋混凝土材料建造,适用于地基承载力较差、上部荷载较大、基础埋深较大的情况。柔性基础抗弯刚度较小,可随地基的变形而变形。通常,柔性基础采用钢筋混凝土建造,在混凝土基础底部配置受力钢筋,利用钢筋耐拉的性质使得基础可以承受弯矩作用,因此柔性基础不受刚性角的限制。

一、浅基础的构造形式

(一)刚性扩大基础

由于地基强度一般较墩台强度低,因而需要将基础平面尺寸扩大,以适应地基强度的要求;同时,相对于地基而言,基础类似于一个强大的刚体,故常被称为刚性扩大基础。

作为刚性基础,其每边的最大尺寸应受其自身材料刚性角的限制。当基础较厚时,可以利用刚性角将基础做成阶梯状,这样既可减少基础的圬工量,又可发挥基础的承载作用。

刚性角是材料的一种性质。由于刚性角的存在，因此在设计基础时应当根据刚性角的限定范围将基础按照阶梯形状逐步放大，以便让放大的尺寸尽可能地与刚性角保持一致，所以基础的高度与底边宽度不得随意设定。在充分考虑材料刚性角的前提下进行基础的施工，既可以较好地扩散基底应力，又可以节省基础建造材料。

（二）单独基础和联合基础

单独基础是立柱式桥墩中常用的基础形式之一，它的纵、横剖面均可砌筑成台阶式。但当两个立柱式桥墩相距较近，每个单独基础为了适应地基强度的要求而必须扩大基础平面尺寸时，有可能导致相邻的单独基础在平面上相接甚至重叠，此时可将基础扩大部分连在一起，形成联合基础。

（三）条形基础

条形基础可分为墙下条形基础和柱下条形基础两种。墙下条形基础是挡土墙下或涵洞下基础的常用形式，其横剖面可以是矩形，也可以将一侧筑成台阶形。如果条形基础很长，为了避免沿长度方向因沉降不均匀而导致基础开裂，可将基础适当分段并设置沉降缝。有时为了增强立柱下基础的承载力，可将同一排若干立柱的基础联系起来，使之成为柱下条形基础，这种基础可以设计成刚性基础，也可以设计成柔性基础。

二、基础埋置深度的确定

确定基础的埋置深度是浅基础设计中很重要的步骤，这关系着桥梁结构的稳定及正常使用等问题。在确定基础的埋置深度时，必须综合考虑以下因素：①地基的地质条件；②河流的冲刷深度；③当地的冻土深度；④上部结构的形式；⑤保证持力层稳定所需的最小设置深度。同时，还要考虑现有的施工技术条件和造价等因素。

三、地基、基础验算

当基础埋置深度和构造尺寸确定以后，应根据荷载的最不利情况对地基和基础进行验算，以确保结构物的安全和正常使用。

地基、基础验算的主要内容包括：①地基承载力验算；②基底合力偏心距验算；③基础和地基稳定性验算；④基础沉降验算。

(一)地基承载力验算

地基承载力验算主要是验算地基允许承载力是否满足荷载要求。为此，应首先确定地基的允许承载力。除了需对持力层强度进行验算以外，还应特别注意持力层以下是否存在软弱下卧层。

(二)基底合力偏心距验算

桥墩、桥台基础设计时，必须控制基底合力偏心距，其目的是尽可能地使基底应力分布比较均匀、以免基底两侧应力分布相差悬殊，致使基底产生较大的不均匀沉降，从而导致桥墩、桥台倾斜，影响其正常使用。另外，当基底某一侧出现拉应力时会使基底应力重分布，从而使基底应力与设计值间出现较大偏差。

(三)基础和地基稳定性验算

基础和地基稳定性验算包括基础抗滑稳定性验算、基础抗倾覆稳定性验算及地基土抗滑稳定性验算。

第三节 桩基础

桩基础是常用的桥梁基础类型，是埋于地基土中的若干根桩及将所有桩连成一个整体的承台(或盖梁)两部分所组成的一种基础形式。桩身可以全部或部分埋入地基土中，当桩身外露在地面上较高时，在桩之间还应加横系梁，以加强各桩之间的横向联系。若干根桩在平面排列上可成为一排或几排，所有桩的顶部由承台连成一个整体，在承台上再修筑桥墩、桥台及上部结构。桩可以先预制好，再将其运至现场沉入土中；也可以就地钻孔(或人工挖孔)，然后在孔中浇筑水泥混凝土或置入钢筋骨架后，再浇灌混凝土而成桩。①

桩基础的作用是将承台以上结构物传来的外力通过承台，由桩传递到较深的地基持力层中去。承台将外力传递给各桩并箍住桩顶使各桩共同承受外力。各桩所承受的荷载由桩通过桩侧土的摩阻力及桩端土的抵抗力将荷

①夏敏，姚生，周逸宇．路桥工程与道路施工[M]．北京：现代出版社，2016.

载传递到地基土中。因此桩基础如设计正确、施工得当，将具有承载力高、稳定性好、沉降量小而均匀等特点。在深水河道中，桩基础可以借桩群穿过水流将荷载传到地基中，避免(或减少)水下工程，简化施工设备和技术要求，加快施工速度并改善劳动条件。当地基浅层土质不良时，它能穿越浅层土发挥地基深层土承载力的作用，以满足桥梁上部结构物荷载的要求。近代在桩基础的类型、沉桩机具和施工工艺以及桩基础理论和设计计算方法方面都有了很大的发展，不仅便于机械化施工和工厂化生产，而且能以不同类型的桩基础和施工方法适应不同的水文地质条件、荷载性质和上部结构特征。

桩基础是一种深基础，主要适用于下列条件：①荷载较大，地基上部土层软弱，适宜的地基持力层位置较深，采用浅基础或人工地基在技术上、经济上不合理时；②河床冲刷较大，河道不稳定或冲刷深度不易计算正确，位于基础或结构物下面的土层有可能被侵蚀、冲刷，如采用浅基础不能保证基础安全时；③当地基计算沉降过大或建筑物对不均匀沉降敏感时，采用桩基础穿过松软(高压缩性)土层，将荷载传到较坚实(低压缩性)土层，以减少建筑物沉降并使沉降较均匀；④当建筑物承受较大的水平荷载，需要减少建筑物的水平位移和倾斜时；⑤当施工水位或地下水位较高，采用其他深基础施工不便或经济上不合理时；⑥地震区，在可液化地基中，采用桩基础可增加建筑物抗震能力，桩基础穿越可液化土层并伸入下部密实稳定土层，可消除或减轻地震对建筑物的危害。

以上情况也可以采用其他形式的深基础，但桩基础由于具有耗用材料少、自重轻、施工简便等优点，往往是优先考虑的深基础方案。总之，采用浅基础无法满足结构物对地基强度、变形和稳定性方面的要求时，常常采用桩基础。

当上层软弱土层很厚，桩底不能达到坚实土层时，就需要用较多、较长的桩来传递荷载，这时的桩基础稳定性较差，沉降量也较大；当覆盖层很薄时，桩的稳定性也有问题，就不一定是最佳的基础形式，这种情况下，应经过多方面的技术经济比较和研究，确定合理可行的方案。

一、桩和桩基础的类型与构造

为满足结构物的要求，适应地基的特点，随着科学技术的发展，在工程实践中已形成了各种类型的桩基础,它在本身构造上和桩土相互作用性能上都具有各自的特点。学习桩和桩基础的分类及其构造,目的是掌握其特点以使设计和施工时更好地发挥桩基础的作用。

(一)桩与桩基础的分类

桩基础绝大多数采用钢筋混凝土桩,个别情况用木桩和钢桩。桩和桩基础可按承台位置、沉入土中的施工方法、受力条件的不同而进行分类。

1.桩基础按承台位置分类

桩基础按承台位置可分为高桩承台基础和低桩承台基础。

高桩承台基础的承台底面位于地面(或冲刷线)以上,低桩承台基础的承台底面位于地面(或冲刷线)以下。高桩承台基础的结构特点是基础部分桩身埋入土中,部分桩身外露在地面以上(称为桩的自由长度);而低承台基础的基桩则全部埋入土中(桩的自由长度为零)。

高桩承台基础由于承台位置较高或设在施工水位以上,可减少墩台圬工数量,可避免或减少水下作业,施工较为方便,但高桩承台在水平力作用下,由于承台及基桩露出地面的一段自由长度周围无土体来共同承受水平外力,基桩的受力情况较为不利,桩身内力和位移都将大于在同样水平外力作用下的低桩承台,在稳定性方面低桩承台也较高桩承台要好。

2.按施工方法分类

桩基础由于施工时采用的机具设备和工艺过程的不同,桩的施工方法种类就较多,通常主要的是钻(挖)孔法和打入法。

(1)钻(挖)孔灌注桩基础

用钻(冲)孔机械在土体中先钻成桩孔,然后在孔内放入钢筋骨架,灌注桩身混凝土而成钻孔灌注桩,最后在桩顶浇筑承台(或盖梁),称为钻孔灌注桩基础。它的特点是施工设备简单操作方便,适用于各种沙性土、黏性土,也适用于碎、卵石类土层和岩层。但对于淤泥及可能发生流沙或有承压水的地基,施工较为困难,常易发生塌孔或埋钻等情况。一般钻孔灌注桩入土深度由几米至几百米。

依靠人工(用部分机械配合)在地基中挖出桩孔,然后与钻孔桩一样灌注混凝土成桩称为挖孔灌注桩。它的特点是不受设备和地形限制,施工简单。但只适用于无水或渗水量小的地层,对可能发生流沙或含厚的软黏土层地基施工较困难，需要加强孔壁支撑确保安全。它的特点是靠人工挖土，桩径较大，一般大于1.4 m。

（2）沉桩基础

打入桩及振动下沉桩均称为沉桩基础。打入桩是通过锤击（或以高压射水辅助）将各种预先制好的桩（主要是钢筋混凝土实心桩或灌注桩，也有木桩或钢桩）打入地基内达到所需要的深度而成为桩基础。一般适用于桩径较小（直径在0.6 m以下），地基土质为沙性土、塑性土、粉土、细沙以及松散的不含大卵石或漂石的碎卵石类土质。

在软塑性土质中也可以用重力将桩压入土中称为静力压桩。这种压桩施工方法免除了锤击打入的振动影响，是在软土地区，特别是在不允许有强烈振动的条件下建造桩基的一种适用的施工方法。

振动下沉桩是将大功率的振动打桩机安装在桩顶（预制的钢筋混凝土桩或钢管桩），利用振动力以减少土对桩的阻力，使桩沉入土体中，通常适用于桩径较大、土的抗剪强度振动时有较大降低的沙土等地基。

3.按基础的受力条件分类

结构物荷载通过桩基础传递给地基。垂直荷载一般由桩底土层抵抗力和桩侧与土产生的摩阻力来支撑；由于地基土的分层和其物理力学性质不同，桩的尺寸和设置在土中方法不同，都会影响桩的受力状态。水平荷载一般由桩和桩侧土水平抗力来支撑，而桩承受水平荷载能力与桩轴线方向及斜度有关。因此，根据桩的受力条件基桩可分为摩擦桩和柱桩。

（1）摩擦桩

一根埋在土中的桩，在承受轴向荷载后，桩四周的土与桩侧间产生摩擦力，同时桩尖处的土对桩还存在桩尖反力。因此，作用在桩上的轴向荷载应与桩侧摩阻力和桩尖反力之和相平衡。当桩完全埋于较软弱的分散土中时，荷载主要是通过桩侧与土之间的摩擦作用传到桩尖处面积较大的土层中去，这时桩侧摩阻力和桩尖反力均需考虑，这种桩称为摩擦桩。

（2）柱桩

柱桩承载力较大，较安全可靠，基础沉降也小，但如岩层埋置很深，就需要采用摩擦桩。柱桩和摩擦桩由于它们在土中的工作条件不同，它们与土共同作用特点也就不一样，因此在设计计算时所采用的方法和有关参数也不一样。

(二)桩与桩基础的构造

不同材料修筑的不同类型的桩基础具有不同的构造特点,为了保证桩的质量和桩基础正常工作能力,在设计桩基础时首先应满足其构造的基本要求。现以目前国内桥梁工程中最常用到的桩与桩基础的构造特点与要求简述如下。

1.各种基桩的构造

(1)就地灌注钢筋混凝土桩的构造

钻(挖)孔桩是采用就地灌注的钢筋混凝土桩,桩身常为实心断面,混凝土标号不低于C20,对仅承受竖直力的桩基础可用C15(但水下混凝土仍不应低于C20)。钻孔桩设计直径一般为0.8~1.5 m,挖孔桩的直径或最小边宽度不宜小于1.2 m。桩内钢筋应按照内力和抗裂性的要求布设,长摩擦桩应该根据桩身弯矩分布情况分段配筋,短摩擦桩和柱桩也可按桩身最大弯矩通长均匀配筋,当按内力计算桩身不需要配筋时,应在桩顶3~5 m内设置构造钢筋。为了保证钢筋骨架有一定的刚性,便于吊装及保证主筋受力后的纵向稳定,主筋不宜过细过少(直径不宜小于14 mm),每根桩不宜少于8根,主筋净距不宜小于8 cm,保护层厚度不宜小于5 cm。主筋若需焊接,焊接长度应符合规定:双面缝大于$5x$(x为钢筋直径),单面缝大于$10x$。箍筋应适当加强,箍筋直径一般不小于8 mm,中距为20~40 cm。对于直径较大的桩或较长的钢筋骨架,可在钢筋骨架上每隔2~2.5 m设置一道加劲箍筋(直径为14~18 mm)。钻(挖)孔桩的柱桩根据桩底受力情况如需要嵌入岩层时,嵌入深度应计算确定,并不得小于0.5 m。为了进一步发挥材料的潜力,节约水泥用量,大直径的空心钢筋混凝土就地灌注桩是今后发展的方向。

(2)钢筋混凝土预制桩

沉桩(打入桩和振动下沉桩)采用预制的钢筋混凝土桩,有实心的圆桩和方桩(少数为矩形桩)。钢筋混凝土方桩可以就地灌注预制。通常方桩横断面为(20 cm×20 cm)~(50 cm×50 cm),桩身混凝土标号不低C25,桩身配筋应考虑制造、运输、施工和使用各阶段的受力要求配筋。主筋直径为6~8 mm,其间距一般不大于40 cm(在两端处间距宜减小,一般为5 cm)。桩顶处,为了承受直接的锤击应设钢筋网加固，为了便于吊运，应在桩顶预设吊耳，一般由直径为20～25 mm的圆钢制成，混凝土标号不低于C25。

预制钢筋混凝土桩柱的分节长度，应根据施工条件决定，并应尽量减少接头数量。接头强度不应低于桩身强度，并有一定的刚度以减少锤振能量的损失。接头法兰盘的平面尺寸不得突出管壁之外。

2. 桩的布置和间距

桩基础内基桩的布置应根据荷载、地基土质、基桩承载力等决定。采用大直径钻孔灌注桩的中小桥梁常用单排式；在大型桥梁或水平推力较大时，则采用多排式（行列式或梅花式）。考虑桩与桩侧土的共同作用条件和施工的需要，钻（挖）孔桩的摩擦桩中心距不得小于2.5倍成孔直径，支撑或嵌固在岩层上的柱桩不得小于2倍的成孔直径（矩形桩为边长，下同），桩的最大中心距一般也不超过5～6倍桩径。打入桩的中心距不应小于桩径（或边长）的3倍，在软土地区还需适当增加。管柱的中心距一般为管柱外径的2.5～3倍（摩擦桩）或2倍（柱桩）。

3. 承台的构造，桩与承台的连接

承台的平面尺寸和形状应根据上部结构（墩台身）底部尺寸和形状以及基桩的平面布置而定，一般采用矩形和圆端形。承台厚度应保证承台有足够的强度和刚度，公路桥梁墩台多采用钢筋混凝土或混凝土刚性承台（承台本身材料的变形远小于其位移），其厚度不宜小于1.5 m，混凝土标号不宜低于C15。对于盖梁式承台和柱式墩台、空心墩台的承台应验算承台强度并设置必要的钢筋，承台厚度可不受上述限制。

桩和承台的连接，钻（挖）孔灌注桩现都采取将桩顶主筋伸入承台，桩身伸入承台长度一般为150～200 mm。伸入承台的桩顶主筋可做成喇叭形，约与竖直线倾斜15°；若受构造限制，主筋也可不做成喇叭形。伸入承台的钢筋应符合结构规范的锚固长度，一般应不小于600 mm，并设箍筋。

承台的受力情况是比较复杂的，为了使承台受力较为均匀并防止承台因桩顶荷载作用发生破裂和断裂，应在承台底部桩顶平面上设置一层钢筋网，低桩承台有时也可不设钢筋网。在桩之间如为了加强横向联系设有横系梁时，横系梁一般认为不直接承受外力，可不作内力计算，按横截面的0.1%配置构造钢筋。

二、桩基础施工

目前,常用的施工方法有钻孔灌注桩、挖孔灌注桩和预制沉桩等,下面分别作以介绍。桩基础施工前应根据已定出的墩台纵横中心轴线直接定出桩基础轴线和各基桩桩位,目前,已普遍应用全站仪直接定位,并设置好固定桩标志或控制桩,以便施工时随时校核。

(一)钻孔灌注桩的施工

钻孔灌注桩施工应根据土质、桩径大小、入土深度和机具设备等条件选用适当的钻具和钻孔方法,以保证能顺利达到预计孔深;然后,清孔、吊放钢筋笼架、灌注水下混凝土。

目前我国常使用的钻具有旋(回)转钻、冲击钻和冲抓钻三种类型。为稳固孔壁采用孔口埋设护筒和在孔内灌入黏土泥浆,并使孔内液面高出孔外水位,以在孔内形成向外的静压力而起到护壁、固壁作用。现按施工顺序介绍其主要工序如下。

1.准备工作

(1)准备场地

施工前应将场地平整好,以便安装钻架进行钻孔。当墩台位于无水岸滩时钻架位置处应整平夯实,清除杂物,挖换软土;场地有浅水时,宜采用土或草袋围堰筑岛。当场地为深水或陡坡时,可用木桩或钢筋混凝土桩搭设支架,安装施工平台支撑钻机(架)。深水中在水流较平稳时,也可将施工平台架设在浮船上,就位锚固稳定后在水上钻孔。水中支架的结构强度、刚度和船只的浮力、稳定都应事前进行验算。

(2)埋置护筒

护筒的作用是:固定钻孔位置;开始钻孔时对钻头起导向作用;保护孔口防止孔口土层坍塌;隔离孔内孔外表层水,并保持钻孔内水位高出施工水位以产生足够的静水压力稳固孔壁。因此埋置护筒要求稳固、准确。

护筒制作要求坚固、耐用、不易变形、不漏水、装卸方便和能重复使用。一般用薄钢板或钢筋混凝土制成。护筒内径一般比钻头直径大0.2 ~ 0.4 m。

护筒埋设可采用下埋式(适于旱地埋置)、上埋式(适于旱地或浅水筑岛埋置)和下沉埋设(适于深水埋置)。埋置护筒时特别应注意下列几点:①护筒平面位置应埋设正确，偏差不宜大于50 mm；②护筒顶标高应高出地下水位和施工最高水位1.5～2 m。无水地层钻孔因护壁顶部设有溢浆口，筒顶也应高出地面不少于0.3 m；③护筒底应低于施工最低水位（一般低于0.1～0.3 m即可）。深水下沉埋设的护筒应沿导向架借自重、射水、振动或锤击等方法将护筒下沉至稳定深度，入土深度黏性土应达到0.5～1 m，沙性土则为3～4 m；下埋式及上埋式护筒挖坑不宜太大（一般比护筒直径大0.1～0.6 m），护筒四周夯填密实的黏土，护筒应埋设在稳固的黏土层中，否则应换填黏土并密实，其厚度一般为0.5 m。

（3）制备泥浆

泥浆在钻孔中的作用是：在孔内产生较大的静水压力，可防止坍孔；泥浆向孔外土层渗漏，在钻进过程中，由于钻头的活动，孔壁表面形成一层泥胶，具有护壁作用；同时将孔内外水流切断，能稳定孔内水位；泥浆比重大，具有挟带钻渣作用，利于钻渣的排出。因此在钻孔过程中，孔内应保持一定稠度的泥浆，一般比重以1.1～1.3为宜，在冲击钻进大卵石层时可用1.4以上，黏度为20 Pa·s，含沙率小于3%。在较好的黏性土层中钻孔，也可灌入清水，使钻孔时孔内自造泥浆，达到固壁效果。调制泥浆的黏土塑性指数不宜小于15，粒径大于0.1 mm的砂粒不宜超过6%。

（4）安装钻机或钻架

钻架是钻孔、吊放钢筋笼、灌注混凝土的支架。我国生产的定型旋转钻机和冲击钻机都附有定型钻架、其他还有木制的和钢制的四脚架、三脚架或人字扒杆。

在钻孔过程中，成孔中心必须对准桩位中心，钻机（架）必须保持平稳，不发生位移、倾斜和沉陷。钻机（架）安装就位时，应详细测量，底座应用枕木垫实塞紧，顶端应用缆风绳固定平稳，并在钻进过程中经常检查。

2. 钻孔

（1）钻孔方法

第一，回旋钻进成孔。利用钻具的旋转切削体钻进，并在钻进的同时采用循环泥浆的方法护壁排渣、继续钻进成孔。我国现用旋转钻机按泥浆循环的程序不同分为正循环与反循环两种。所谓正循环是在钻进的同时，泥浆泵将泥浆压进泥浆笼头，通过钻杆中心从钻头喷入钻孔内，泥浆挟带钻渣沿钻孔上升，从护筒顶部排浆孔排出于沉淀池，钻渣在此沉淀而泥浆仍进入泥浆池循环使用。

反循环与正循环程序相反，将泥浆用泥浆泵送于钻孔内。然后从钻头的钻杆下口吸进，通过钻杆中心排出至沉淀池，泥浆沉淀后再循环使用。反循环钻机的钻进及排渣效率较高，但在接长钻杆时装卸较麻烦，如钻渣粒径超过钻杆内径（一般为 120 mm）易堵塞管路，则不宜采用。我国定型生产的旋转钻机在转盘、钻架、动力设备等方面均配套定型，钻头的构造根据土质采用各种不同的形式。

由于回旋钻成孔的施工方法受到机具和动力的限制，适用于较细软的土层，如各种塑性状态的黏性土、沙土、夹少量粒径小于 100 ~ 200 mm 的砂卵石土层，在软岩中也可使用。这种钻孔方法的深度可达 100 m 以上。

第二，冲击钻进成孔。利用钻锥（重力为 10 ~ 35 kN）不断地提锥、落锥反复冲击孔底土层，把土层中泥沙、石块挤向四壁或打成碎渣，钻渣悬浮于泥浆中，利用掏渣筒取出，重复上述过程冲击钻进成孔。冲击成孔采用的主要机具有定型的冲击式钻机（包括钻架、动力、起重装置等）、冲击钻头、转向装置和掏渣筒等，也可用 30 ~ 35 kN 带离合器的卷扬机配合钢、木钻架及动力组成简易冲击钻。冲击钻的钻头一般是整体铸钢做成的实体钻锥，钻刃为十字形，采用高强度耐磨钢材做成，底刃最好不完全平直以加大单位长度上的压重。冲击时钻头应有足够的重量，适当的冲程和冲击频率，以使它有足够的能量将岩块打碎。冲锥每冲击一次旋转一个角度，才能得到圆形的钻孔，因此在钻头和提升钢丝绳连接处应有转向装置，常用的有合金套或转向环，以保证冲锥的转动，也避免了钢丝绳打结扭断。冲击钻孔适用于含有漂卵石、大块石的土层及岩层，也能用于其他土层。成孔深度一般不宜大于 50 m。

第三，冲抓钻进成孔。用兼有冲击和抓土作用的抓土瓣，通过钻架，由带离合器的卷扬机操纵，靠冲锥自重（重力为 10 ~ 20 kN）冲下使抓土瓣锥尖张开插入土层，然后由卷扬机提升锥头收拢抓土瓣将土抓出，弃土后继续冲抓钻进成孔。冲锥常采用四瓣或六瓣冲抓锥，当收紧外套钢丝绳并松内套钢丝绳时，内套在自重作用下相对外套下坠，便使锥瓣张开插入土中。冲抓成孔适用于较松或紧密黏性土、沙性土及夹有碎卵石的沙砾土层，成孔深度一般小于 30 m。

(2)钻孔注意事项

在钻孔过程中应防止坍孔、孔形扭歪或孔斜,钻孔漏水、钻杆折断,甚至把钻头埋住或掉进孔内等事故,因此钻孔时应注意下列各点:①在钻孔过程中,始终要保持孔内外既定的水位差和泥浆浓度,以起到护壁固壁作用,防止坍孔。若发现有漏水(漏浆)现象,应找原因及时处理。如为护筒本身漏水或因护筒埋置太浅而发生漏水,应堵塞漏洞或用黏土在护壁周围夯实加固,或重埋护筒;若因孔壁土质松散,泥浆加固孔壁作用较差,应在孔内重新回填黏土,待沉淀后再钻进,以加强泥浆护壁。②在钻孔过程中,应根据土质等情况控制钻进速度、调整泥浆稠度,以防止坍孔及钻进偏斜、卡钻和旋转钻机负荷超载等情况发生。③钻孔宜一气呵成,不宜中途停钻以避免坍孔,若坍孔严重,应回填重钻。④钻孔过程中应加强对桩位、成孔情况的检查工作。终孔时应对桩位、孔径、形状、深度、倾斜度及孔底土质等情况进行检验,合格后立即清孔,吊放钢筋笼,灌注混凝土。

3.清孔及吊装钢筋笼骨架

清孔目的是除去孔底沉淀的钻渣和泥浆,以保证灌注的钢筋混凝土质量,保证桩的承载力,清孔的方法有以下几种。

(1)抽浆清孔

用空气吸泥机吸出含钻渣的泥浆而达到清孔的目的。由风管将压缩空气输进排泥管,使泥浆形成密度较小的泥浆空气混合物,在水柱压力下沿排泥管向外排出泥浆和孔底沉渣,同时用水泵向孔内注水,保持水位不变甚至喷出清水或沉渣厚度达到设计要求为止,适用于孔壁不易坍塌的各种钻孔方法的柱桩和摩擦桩。

(2)掏渣清孔

用掏渣筒掏清孔内粗粒钻渣,适用于冲抓、冲击成孔的摩擦柱。

(3)换浆清孔

正、反循环旋转钻机可在钻孔完成后不停钻、不进尺,继续循环换浆清渣,直至达到清理泥浆的要求,适用于各类土层的摩擦桩。

钻孔桩的钢筋应按设计要求预先焊成钢筋骨架,整体或分段就位,吊入钻孔。钢筋骨架吊放前应检查孔底深度是否符合设计要求;孔壁有无妨碍骨架吊放和正确就位的情况。钢筋骨架吊装可利用钻架或另立扒杆进行。吊放时应避免骨架碰撞孔壁，并保证骨架外混凝土保护层厚度，应随时校正骨架位置。钢筋骨架达到设计标高后，即将骨架牢固定位于孔口，立即灌注混凝土。

4.灌注水下混凝土

(1)导管

导管是灌注水下混凝土的重要工具，一般选用刚性导管。刚性导管用钢管制成，内径一般为25～35 cm，每节长约4～5 m，用端头法兰盘螺栓连接，接头间夹有橡胶垫防止漏水。导管上口一般设置储料槽和漏斗，在灌注末期，当钻孔桩桩顶低于井孔中水面时，漏斗底口高出水面不宜小于4～6 m；当桩顶高于井孔中水面时，漏斗底口高出桩顶不宜小于4～6 m。

导管使用前应进行必要的水密、承压和接头抗拉等试验。吊装前应进行试拼，接口连接应严密、牢固。吊装时，导管应位于井孔中央；并在混凝土灌注前进行升降试验。

(2)水下混凝土的灌注

灌注混凝土之前，应先探测孔底泥浆沉淀厚度。如果大于规定，要再次清孔，但应注意孔壁的稳定，防止塌孔。运至桩位的混凝土应检查其均匀性和坍落度，如不符合要求，应进行第二次拌和。二次拌和仍达不到要求时不能使用。还要注意：①导管下口至孔底的距离一般为25～40 cm；②导管埋入混凝土中的深度以不小于1 m为宜。首批灌注混凝土的数量应能满足导管初次埋置深度(≥1 m)和填充导管底部间隙的需要。

当钢筋笼就位，导管下至设计深度，首批混凝土已拌和完毕运送至桩位处时，即可开始灌注混凝土(俗称灌桩)。首批灌注时应在导管漏斗底口处设置可靠的防水设施(一般放置一个直径与管内孔完全吻合的木球)。混凝土倒入漏斗，压住木球向下运动，导管中水从管底压出，从井口逐渐排向井外，混凝土靠自重和向下冲力压至孔底。随着混凝土不断灌入，孔内混凝土面逐渐升高，井内积水不断上升，直至混凝土灌满全孔，水全部被排出。注意首批灌注的混凝土的初凝时间不得早于灌注桩全部混凝土灌注完成时间，必要时要加入缓凝剂。每灌一段时间，就要及时抽拔导管，导管埋入混凝土中的深度不能大于6 m，但也不能小于2 m，要根据混凝土的灌入量计算灌注高度，从而确定提升导管时间。导管提升太快，若超过已灌混凝土表面，就会形成断桩;若抽拔不及,埋入过深,则有可能因为混凝土初凝,使导管不能拔除,造成工程事故。因此必须严格控制导管提升时间。

混凝土灌注开始后,必须连续进行,无论白天黑夜、刮风下雨都必须连续作业。提升拆除导管的时间要尽可能缩短。在灌注过程中,应将井孔内溢出的泥浆引流至适当位置,防止污染环境及河流。灌注的桩顶标高应比设计标高高出0.5 m ~ 1 m,待开挖基坑浇承台时凿除(俗称破桩头),目的是将孔内泥浆全部排除,保证桩体成桩质量。

混凝土灌完后要拔除护筒。处于地面及桩顶以下的井口整体式刚性护筒,应在灌注完混凝土后立即拔除;处于地面以上,能拆卸的护筒,须待混凝土抗压强度达到5 MPa后才能拆除。

5.质量检验与质量标准

钻孔在终孔和清孔后,应使用仪器对成孔的孔位、孔深、孔形、孔径、竖直度(斜度),泥浆相对密度、孔底沉淀厚度等进行检验。挖孔桩可采用直观检验丈量法。钻孔桩水下混凝土的质量应符合:①强度应不低于设计强度。除检查灌注过程中预留试块的抗压强度外,还应凿平桩头,凿取桩头混凝土试块做抗压强度试验,一般可按基桩总数的5% ~ 10% 抽查。大桥的钻孔桩应以地质钻机钻取桩身混凝土芯样做抗压试验,同时检查桩尖沉淀土实际厚度和桩底土层情况,钻取的芯样直径应不小于50 mm。②桩身混凝土无断层或夹层,钻孔桩桩底不高于设计标高,桩底沉淀厚度不大于设计规定。应仔细检查分析所有桩径的混凝土灌注记录,并用无破损方法检验桩身,认为其中某些桩的质量可疑,则应以地质钻机钻通全桩取芯样,检查该桩有无夹泥、断桩、混凝土质量松软并做芯样的抗压强度试验。③桩头凿除预留部分无残余松散层和薄弱混凝土层,需嵌入承台内的桩头及锚固钢筋长度符合规范要求。

在质量检查中,如发现断桩或其他重大质量事故,应会同有关部门共同研究提出处理方案。在处理过程中,应做详细记录。

(二)挖孔灌注桩的施工

挖孔灌注桩适用于无水或少水的较密实的各类土层中,桩的直径(或边长)不宜小于1.2 m,孔深一般不宜超过15 m。

挖孔桩的施工要点是:①同一墩身各桩开挖顺序可对角开挖。当桩孔为梅花式布置时,宜先挖中孔,再开挖其他各孔。②孔口的平面位置与设计桩位偏差不得大于5 cm。挖孔过程中,孔的中轴线偏斜不得大于孔深的0.5%。③当孔深超过10 m,或二氧化碳浓度超过0.3%时,应设置通风设备。④挖孔时必须采取孔壁支护,支护应高出地面。⑤孔内爆破应采用浅眼爆破。

(三)预制沉桩的施工

1.桩的预制

沉入桩所用的基桩主要为预制的钢筋混凝土桩和预应力混凝土桩。

制作钢筋混凝土桩和预应力混凝土桩还应注意以下事项:①钢筋混凝土桩内的纵向主钢筋如需接头时,应采用对焊接头;②螺旋筋或箍筋必须箍紧主筋,与主筋交接处应用点焊焊接或用铁丝扎结牢固;③预应力混凝土的纵向主筋采用冷拉钢筋且需焊接时,应在冷拉前采用闪光接触对焊焊接;④桩长用法兰盘连接时,法兰盘应对准位置焊接在钢筋或预应力钢筋上;对先装预应力混凝土桩,法兰盘应先焊接在力筋上,然后进行张拉;⑤混凝土应由桩顶向桩尖方向连续灌注,不得中断;⑥桩的钢筋骨架(包括预应力钢筋骨架)允许偏差应符合规定。

2.预制桩的施工方法

(1)锤击沉桩

锤击沉桩一般适用于中密沙类土、黏性土。由于锤击沉桩依靠桩锤的冲击能量将桩打入土中,因此一般桩径不能太大(不大于0.6 m),入土深度在40 m左右,否则对沉桩设备要求较高。沉桩设备是桩基施工的质量与成败的关键,应根据土质、工程量、桩的种类、规格、尺寸、施工期限、现场水电供应等条件选择。

(2)射水沉桩

射水施工方法的选择应视土质情况而异,在沙夹卵石层或坚硬土层中,一般以射水为主,锤击或振动为辅;在亚黏土或黏土中,为避免降低承载力,一般以锤击或振动为主,以射水为辅,并应适当控制射水时间和水量;下沉空心桩,一般用单管内射水,当下沉较深或土层较密实,可用锤击或振动,配合射水;下沉实心桩,将射水管对称地装在桩的两侧,并能沿着桩身上下自由移动,以便在任何高度上射水冲土。必须注意,不论采取任何射水施工方法,在沉入最后阶段至设计标高1 ~ 1.5 m时,应停止射水,单用锤击或振动沉入至设计深度。对湿陷性黄土地层，除设计有特殊规定外，不宜采用涉水沉桩。预制的钢筋混凝土桩或预应力混凝土桩以射水配合沉桩时，宜用较低落距锤击，避免因射水后，桩尖支撑力不足，桩身产生超过允许的拉应力。

射水沉桩的施工要点是：吊插基桩时要注意及时引送输水胶管，防止拉断与脱落；基桩插正立稳后，压上桩帽桩锤，开始用较小水压，使桩靠自重下沉。初期应控制桩身，不使其下沉过快，以免阻塞射水管嘴，并注意随时控制和校正桩的方向；下沉渐趋缓慢时，可开锤轻击，沉至一定深度（8～10 m）已能保持桩身稳定后，可逐步加大水压和锤的冲击动能；沉桩至距设计标高一定距离（2 m以上）停止射水，拔出射水管，进行锤击或振动，使桩下沉至设计要求标高。

（3）振动沉桩

振动沉桩适用于沙质土、硬塑及软塑的黏性土和中密及较松散的碎、卵石类土。对于软塑类黏土及饱和砂质土，当基桩入土深度小于15 m时，可使用振动沉桩机。除此情况外，宜采用射水配合沉桩。在选择沉桩机（锤）时，应验算振动上拔力对桩身结构的影响。同时应注意确保振动沉桩机、机座、桩帽连接可靠，沉桩和桩中心轴线尽量保持在同一直线上。每一根桩的沉桩作业应一次完成，不可中途停顿，以免土层的摩阻力恢复，增加下沉困难。

（4）静力压桩

静力压桩采用静压力将桩压入土中，即以压桩机的自重克服沉桩过程中的阻力，适用于高压缩性黏土或沙性较轻的亚黏土层。沉桩速度视土质状况而异。同一地区、相同截面尺寸与沉入深度的桩，其极限承载能力与锤击沉桩大体相同。

静力压桩的准备工作包括：根据地质钻探、静力触探或试桩资料估算压桩阻力；选用压桩设备，但应注意使设计承载力大于压桩阻力的40%；压桩施工用辅助设备及测量仪器的检查校定；等等。压桩作业开始后，应尽可能连续施工，减少停顿次数和时间，以免产生过大的启动阻力。桩尖接近设计标高时，应严格控制压桩进程。当遇到插桩初压时，桩尖即有较大走位和倾斜，或沉桩过程中桩身倾斜或下沉速度加快，以及压桩阻力突然剧增或压桩设备倾斜等情况时，应暂停施压，分析原因，及时处理。

(5)水中沉桩

在河流水浅时,一般可搭设施工便桥、便道、土岛和各种类型脚手架组成的工作平台,其上安置桩架并进行水中沉桩作业。

在较宽阔的河中,可将桩安设在组合的浮体上或固定平台,也可使用专用打桩船。此外还可采用以下方法:①先筑围堰后沉基桩法。一般在水不深,桩基临近河岸时采用此法。②先沉基桩后筑围堰法。一般适用于较深的水中桩基。此法包括拼装导向围笼并浮运至墩位,抛锚定位,围笼下沉接高;在围笼内插打定位桩,下沉其余基桩,然后插打钢板桩,组成防水围堰;以及其后的吸泥、水下混凝土封底等工序组成。③用吊箱围堰修筑水中桩基法。一般适用修筑深水中的高桩承台。悬吊在水中的套箱,在沉桩时用作导向定位,沉桩完后封底抽水,浇筑水中混凝土承台。

第四节 沉井基础

沉井基础施工一般可分为旱地施工、水中筑岛施工及浮运沉井施工三种。

一、旱地上沉井的施工

(一)整平场地

如果天然地面土质较好,只需将地面杂物清掉整平地面,就可在其上制造沉井,如果为了减小沉井的下沉深度也可在基础位置处挖一浅坑,在坑底制造沉井下沉,坑底应高出地下水位0.5~1 m。如果土质松软,应整平夯实或换土夯实。在一般情况下,应在整平场地上铺上不小于0.5 m厚的沙或砂砾层。[①]

(二)制造第一节沉井

由于沉井自重较大,刃脚踏面尺寸较小,应力集中,场地土往往承受不了这样大的压力。在刃脚位置处放上刃脚角钢,竖立内模,绑扎钢筋,立外模最后浇灌第一节沉井混凝土。在刃脚踏面位置处对称地铺满一层垫木(可用

①徐艳昭. 连续梁拱组合桥梁上部结构施工关键技术研究[D]. 兰州:兰州交通大学,2012.

200 mm×200 mm的方木）以加大支撑面积。

（三）拆模及抽垫

拆模及抽垫的条件如下：①混凝土达到设计强度的25%，可拆除内外侧模；②达到设计强度的75%，可拆除隔墙底面和刃角斜面模板；③达到设计强度100%，才能抽撤垫木。

（四）挖土下沉

挖土下沉分排水法和不排水法两种，不排水法可用抓土斗或水力吸泥机。

（五）接高沉井

接高沉井接缝处要凿毛，以便增强相邻沉井的连接牢固性。

（六）筑井顶围堰

如果沉井顶面低于地面或水面，则需设围堰，待强度达设计要求后再拆模继续挖。

（七）地基检验和处理

达到下沉设计标高后，应检查地基土质是否与设计相符，地基是否平整，同时进行必要的处理，校验承载力。

（八）封底、充填井孔及浇筑

地基经检验、处理合格以后，应立即进行封底。如果封底在不排水的情况下进行，可以用导管法灌注水下混凝土，待混凝土达设计要求后抽干井孔中的水，填筑井内圬工。如果井中不填料或仅填砾石，井顶面应浇筑钢筋混凝土井盖，然后砌筑墩身，墩身出土（或水面）后可以拆除临时性的井项围堰。

二、水中沉井的施工

（一）筑岛法

水流速不大，水深在3 m或4 m以内，可用水中筑岛的方法。筑岛材料为砂或砾石，周围用草袋围护，如水深较大可作围堰防护。岛面应比沉井周围宽出2 m以上，作为护道，并应高出施工最高水位0.5 m以上。沙岛地基强度应符合要求，然后在岛上浇筑沉井。

(二)浮运沉井施工

水深较大，如超过10 m时，筑岛法很不经济，且施工也困难，可改用浮运法施工。沉井在岸边做成，利用在岸边铺成的滑道滑入水中，然后用绳索引到设计墩位。沉井井壁可做成空体形式或采用其他措施(如带木底或装上钢气筒)使沉井浮于水上，也可以在船坞内制成用浮船定位和吊放下沉或利用潮汐，水位上涨浮起，再浮运至设计位置。沉井就位后，用水或混凝土灌入空体，徐徐下沉直至河底。或依靠在悬浮状态下接长沉井及填充混凝土使它逐步下沉，这时每个步骤均需保证沉井本身足够的稳定性。沉井刃脚切入河床一定深度后，可按前述下沉方法施工。

三、沉井下沉过程中遇到的问题及处理

(一)沉井发生倾斜和偏移

偏斜原因：土岛表面松软，使沉井下沉不均，河底土质软硬不匀；挖土不对称；井内发生流沙，沉井突然下沉，刃脚遇到障碍物顶住而未及时发现；井内挖除的土堆压在沉井外一侧，沉井受压偏移或水流将沉井一侧土冲空等。沉井偏斜大多数发生在沉井下沉不深的时候，下沉较深时，只要控制得好，发生倾斜较少。

发生倾斜的纠正方法：在沉井高的一侧集中挖土；在低的一侧回填沙石；在沉井高的一侧加重物或用高压射水冲松土层；必要时可在沉井顶面施加水平力扶正。纠正沉井中心位置发生偏移的方法是先使沉井倾斜，然后均匀除土，使沉井底中心线下沉至设计中心线后，再进行纠偏。

在刃脚遇到障碍物时的处理方法：可以是人工排除，如遇树根或钢材可锯断或烧断，遇大孤石宜用少量炸药炸碎，以免损坏刃脚。在不能排水的情况下，由潜水工进行水下切割或水下爆破。

(二)沉井下沉困难

这主要是由于沉井自身重力克服不了井壁摩阻力，或刃脚下遇到大的障碍物所致。解决因摩阻力过大而使下沉困难的方法是从增加沉井自重和减小井壁摩阻力两个方面来考虑的。

1.增加沉井自重

沉井下沉困难时,可提前浇筑上一节沉井,以增加沉井自重,或在沉井顶上压重物(如钢轨、铁块或沙袋等)迫使沉井下沉。对不排水下沉的沉井,可以抽出井内的水以增加沉井自重,用这种方法要保证土不会产生流沙现象。

2.减小沉井外壁的摩阻力

可以将沉井设计成阶梯形、钟形,或在施工中尽量使外壁光滑;亦可在井壁内埋设高压射水管组,利用高压水流冲松井壁附近的土,且水流沿井壁上升而润滑井壁,使井壁摩阻力减小。

近年来,对下沉较深的沉井,为了减少井壁摩阻力常采用泥浆润滑套或壁后压气沉井的方法。

第六章 桥梁上部结构施工

第一节 装配式预应力混凝土梁桥施工

一、概述

随着梁桥构件的工厂化生产，出现了装配式钢筋混凝土简支梁桥。自从预应力技术在梁桥工程中应用之后，预应力工艺渐趋完善，并随着起重能力的提高，中小跨径的装配式预应力混凝土梁桥得到了普遍推广。所谓装配式梁桥，就是先将整孔梁体横向分片(或整孔)或纵向分段在桥梁预制工厂或预制场预制，产品合格后运到桥位处，安装就位。

二、装配式梁桥的特点

采用预制安装法施工的装配式梁桥与就地浇筑的整体式梁桥相比较，有下列特点：①装配式梁桥的预制构件形式和尺寸可向标准化发展，有利于大规模工业化生产。②采用桥梁预制工厂(预制厂)集中预制，可充分利用先进设备，提高施工机械化和自动化的程度，因此可提高工程质量，降低劳动强度，提高生产效率。③加快施工进度。由于装配式梁桥的梁片预制可与梁桥下部结构同时施工、故可加快施工进度，缩短施工工期，效果明显。④能节省大量支架、模板。装配式梁桥常采用无支架或少支架施工，并且桥梁预制工厂(预制场)采用钢模板浇筑预制构件，模板能多次重复使用；高桥采用无支架安装可省去大量现场支架，降低工程造价。⑤需要有一定起吊能力的吊装设备。预制梁体一般采用汽车吊、履带吊机、浮吊进行吊装架设，梁桥较长时可采用跨墩龙门吊机、架桥机架设。⑥预制梁安装后需进行横向连接，增加施工工序。

装配式钢筋混凝土和预应力混凝土梁桥的施工包括分片或分段构件的预制、运输、安装三阶段。下而就从装配式梁的预制方法、装配式钢筋混凝土梁预制工艺、装配式预应力梁预制工艺、装配式预制梁的运输和安装施工几个方面分别进行介绍。①

三、装配式梁的预制方法

混凝土梁的预制工作可在专业的桥梁预制工厂内进行,也可在桥位处的预制场内进行。桥梁预制工厂一般可生产钢筋混凝土梁、先张法或后张法工艺的预应力混凝土梁、混凝土桥梁的节段构件及其他预制构件。由于运输长度和质量的限制,通常桥梁预制工厂以生产中小跨径预制构件为主,跨径大于25m的后张法预应力混凝土梁以及大跨径混凝土桥的节段构件主要在桥位处的预制场内生产。

(一)梁的整体预制

1.固定台座预制

在预制工厂或施工现场,可用固定式底座生产钢筋混凝土梁和预应力混凝土梁。预制构件在固定台座上完成各工序,直到构件完全可以移动后再进行下一个构件的制作。正常情况下,在固定台座上预制一片30m跨径的后张法预应力箱梁需要36h。

固定台座需要使用强度高,不变形的底座,在构造上有整体式底座和底座垫块两类。整体式底座是在坚实的地基上铺设混凝土底板,预制时在底板上设置垫木和底模板。底座垫块是在预制梁的长度范围内,每隔一定距离(0.5~1.0m)设置一组混凝土垫块(横向可设置2~3块),在横向的底座垫块之间设置钢横梁,并在其上铺设底模板。采用底座垫块的固定台座,可使底模下有足够的空间以便放置底模振捣器。为减小对垫块的振动,可在底板垫块与横梁之间放置1~2层橡胶垫板。先张法制造的预应力混凝土梁,就是一种在固定台座上生产的预制梁。

2.流水台车预制

在预制工厂内设置运输轨道,预制梁的底模设置在活动台车上的预制方法叫作流水台车预制。流水台车由轨道轮、底板、加劲肋、底模和底模振捣装置组成。流水台车均为钢制,其生产线的数量根据预制工厂的生产能力确定。

---

①王瑞雪.桥梁工程施工技术[M].北京:中国铁道出版社,2013.

采用流水台车预制时，预制梁在台车上生产，而安装模板、绑扎钢筋、制作预应力筋，浇筑混凝土以及张拉等工序则安排在固定车间内，通过台车流动组织生产。它的主要优点在于可实现工业化、专业化、标准化生产，改善工作条件，并且可使用固定式的机具设备，提高生产效率。我国某桥梁预制工厂采用流水台车生产后张法预应力混凝土简支梁，可在流水台车上生产多种规格的梁，一条流水线每天可生产一片预制梁。但此种预制方法需要较大的生产车间和堆放场地，可在生产量大的大型桥梁预制工厂中采用。

（二）梁的节段预制

根据施工方法的要求，需要将梁沿桥纵向根据起吊能力分成适当长度的若干节段，在预制工厂或桥位处的预制场内进行节段预制工作。箱形梁节段的预制质量将直接影响梁桥工程的质量，通常采用长线浇筑或短线浇筑的立式预制方法；桁架梁段常采用卧式预制方法。

1. 长线预制

长线预制是在预制工厂或桥位处的预制场按梁桥底缘曲线制作固定式底座，在底座上安装底模进行节段预制工作。形成梁底缘的底座有多种方法，可以利用预制场的地形堆筑土胎，经加固、夯实后，铺砂石层并在其上做混凝土底板；盛产石料的地区可用石砌成所需的梁底缘形状；地质情况较差的预制场，常采用打短桩基础，然后搭设木材或型钢排架形成梁底曲线。

箱梁节段的预制是在底座上分段进行的。模板常采用钢模，每段一块，以便装拆使用。为加快施工进度，保证节段之间密贴，常先浇筑奇数节段，再以奇数节段的端面为端模浇筑偶数节段。也可以采用分阶段的预制方法。为便于节段拼装定位，常在节段顶板和腹板的接触面上设置齿槽和剪力键。当节段混凝土强度达到设计强度时，可吊出预制场地。

长线预制需要较大的施工场地，底模长度最小需有梁桥跨径的一半，并要求操作设备可在预制场移动。因此，长线预制法宜在具有固定梁底缘形状的多跨桥上采用，以提高设备的使用效率。

2. 短线预制

短线预制箱梁节段的施工，是由可调整外部及内部模板的流水台车与端模架来完成的，第一节段混凝土浇筑完成后，在其相对位置上安装下一段模板，并利用第一节段的端面作为第二节段的端模完成混凝土浇筑工作。短线预制的生产台座占地相对较少，适合在预制工厂内进行节段预制，机械化作业程度高，设备可周转使用，一般每条生产线平均5d约可以生产4个节段，但节段的尺寸和相对位置的调整要复杂些。虽然短线预制相对于长线预制而言施工工艺和精度控制有较高的要求，施工难度相对较大，但是短线预制对于桥梁结构总体线形控制、施工进度控制和先进的机械化施工的流程控制都是长线预制所无法实现的，因此，目前短线预制施工工艺应用广泛。

3.卧式预制

桁架梁的预制节段分段较长，并具有较大的桁高，而其桁杆截面尺寸不大。因此，为预制方便，常采用卧式预制方法。

卧式预制要有一个较大的地坪，常用混凝土浇筑而成。地坪的高程应经过测量，需有足够的强度，不致产生不均匀沉降。预制节段可直接在地坪上预制，对相同的节段可以在已预制完成的节段上安装模板进行重叠施工，两层构件间常用塑料布或涂机油等方法分隔。桁架梁预制节段的起吊、翻转作业要求细致，注意选择吊点和吊装机具。

四、装配式钢筋混凝土梁预制工艺

钢筋混凝土梁的预制工程包括模板工程、钢筋工程和混凝土工程等。

（一）模板工程

1.对模板的要求

预制梁的模板是施工过程中的临时结构，它不仅关系到预制梁尺寸的精度，而且对工程质量、施工进度和工程造价有直接的影响。根据我国《公路桥涵施工技术规范》对模板的要求，模板应满足下列要求：①模板宜采用钢模板、胶合板或其他适宜的材料制作。②模板应具有足够的强度、刚度和稳定性，能承受施工过程中所产生的各种荷载。③模板的构造应简单、合理，结构受力应明确，安装、拆除应方便。④模板能与混凝土结构或构件的特征、施工条件和浇筑方法相适应，应保证结构物各部位形状，尺寸和相互位置的准确。⑤模板的板面应平整，接缝处应严密且不漏浆。

2.模板的种类

模板的种类很多，按所用材料可分为木模板、竹模板、钢模板、铝合金模板、塑料模板、钢木混合模板；按施工方法可分为固定式、整体式、拼装式等。

桥梁工程最常用的有木胶合板模板(清水模板)、竹胶合板模板、钢框胶合板模板、组合钢模板和定型钢模板等。对于在预制工厂生产用的预制梁模板或数量较多预制梁的模板,常采用定型钢模板、钢框胶合板模板及充气橡胶胎膜。清水模板、竹胶合板模板常在预制梁的端模和内模,或没有定型设计的构件和小跨径预制梁上使用。这种模板的优点是:制作质量好,表面光滑,脱模容易;模板的承载力、刚度较好,能多次使用;模板的耐磨性强,防水性较好;材质轻,适宜加工大面板模板。但其木材、竹材消耗量大,成本高。目前,在木模或木模靠混凝土的一面钉上0.3~0.5mm厚的铁皮模板已很少应用了。

3.模板的构造

模板由底模、侧模、端模和内模构成。底模支撑在底座上或设置在流水台车上,可用12~16mm厚钢板制成,应注意设置底模与侧模、底模与端模以及底模接长的连结构件。底模还应具有在其下布置振捣器的构造措施。预制预应力混凝土梁时,底模两端应在构造上予以加强,因为在预应力张拉后,整个梁体重力将集中支撑在底模两端。

侧模沿梁长置于预制构件的两侧,小跨径梁可用整体侧模。通常根据起吊重量和简化构造,将模板单元长度取4~5m,可在横隔梁处分隔。当横隔梁间距较大时,可再细划分。侧模由面板、水平加劲肋、竖向加劲肋、斜撑等构件组成。面板一般选用4~8mm钢板,加劲肋常取用型号为8~10的槽钢。侧模在构造上应考虑可悬挂附着振动器,应加强侧模间的连接构造并设拆卸模板的装置。端模设置在梁的两端,安装时连接在侧模上,用于形成梁端形状。控制预应力筋的孔道位置,一般用4~8mm钢板加工而成。

预制空心板梁应考虑内模的立模和拆模方便,内模不损坏,可以重复使用。目前常用四合式活动模板,每根梁使用两节内模,以便搬运装拆,沿纵向又分成两部分。内模可采用5mm厚钢板,侧面装置铁铰链,使模板可以转动。内模的加劲肋每隔0.5m设置一道,活动撑板每隔1.0m设置一道。撑板分上、下两个单元,上单元的上端和下单元的下端与纵向加劲肋采用螺栓连接,中间与通长的扁钢拉杆螺栓连接,形成铰接。内模两端设置铰接变形限位器。脱模时拆除限位器,抽动扁钢拉杆,即可拆除内模板。

采用充气橡胶胎模制作的内模施工方便,容易拆除。所充气压的大小与胎模的直径、新浇筑混凝土的压力、气温等因素有关。当板的空心直径为

0.3m时，一般采用39.2～49kN/m²气压。浇筑混凝土时，为防止胎膜上浮和偏位、应用定位箍筋、压块等加以固定，并应对称、平衡地进行。胎膜放气的时间与气温有关，应通过试验确定。当气温为5～15℃时，可在混凝土施工完毕后8～10h进行。

4.模板的制作

在放样之后制作模板各部件，钢模的截面尺寸与长度要准确，并应考虑焊缝收缩对长度的影响。模板表面应平整，转角要光滑，连接孔要配合准确。在组装模板单元时，相对位置要准确，焊缝要平顺。模板的组装可在工作平台或胎具上进行。底模制作时需考虑预制梁的预拱度。

5.模板的安装与拆除

模板的安装应与钢筋工作配合进行。在底模整平及钢筋骨架安装后，可同时安装侧模板和端模板，也可先安装端模板，后安装侧模板。安装侧模板时，支撑应牢固、防止模板在浇筑混凝土时发生移位。固定在模板上的预埋件和预留孔洞均不得遗漏、安装应牢固，位置应准确。模板安装的精度要高于预制梁的精度要求。每次模板安装完成后需进行验收，合格后方可进入下一道工序。模板的精度要求可参考施工规范的有关规定。

拆模好坏涉及预制梁的质量和模板的周转使用率。非承重的侧模板、在混凝土抗压强度达到2.5MPa，且能保证其表面及棱角不致因拆模而受损坏时方可拆除。承重模板在混凝土强度能承受其自重荷载及其他可能的叠加荷载时方可拆除。侧模可用千斤顶协助脱模。为使模板单元安全脱模，常用旋转法拆除侧模，其转动中心可设在侧模的下端或上端。一般在梁体顶部施力，模板单元绕下轴点旋转脱模较省力。为便于脱模，除对模板在外形构造上有一定要求外，也可在模板表面涂隔离剂，以减小模板表面与混凝土的黏结力。

6.模板设计计算要点

在初拟各构件模板尺寸后，可根据荷载组合进行模板的强度、刚度计算和脱模计算。作用在模板上的力有竖向荷载和水平荷载，主要考虑模板自重，混凝土对模板产生的竖向力和水平力、振捣混凝土时产生的竖向和水平向振动力，施工荷载及混凝土与模板间的黏结力等。计算工作可运用力学和结构设计原理进行。

（二）钢筋工程

普通钢筋都是热轧钢筋，分为普通热轧光圆钢筋、普通热轧带肋钢筋两种。使用时，梁柱纵向受力普通钢筋应采用HRB400、HRB500、HRBF400、HRBF500钢筋。当然也可采用HPB300普通热轧光圆钢筋。

钢筋出厂时应有出厂质量证明书或试验报告单。钢筋进场时，应按现行国家标准的规定抽取试件做力学性能检验，其质量必须符合有关标准的规定。当发现钢筋脆断焊接性能不良或力学性能显著不正常等现象时，应对该批钢筋进行化学成分检验或其他专项检验。

钢筋一般先在车间或工地的钢筋加工棚加工，然后运至现场安装或绑扎。钢筋加工过程取决于成品种类。一般的加工过程有钢筋调直、切断、除锈、弯折、焊接、绑扎等工序。由于钢筋的规格、型号和加工工序比较多，所以各道工序都必须严格控制质量，并在浇筑混凝土之前对钢筋加工及安装质量进行检验。

1.钢筋的连接

钢筋的连接是钢筋工程施工中的关键工序。钢筋的连接方式有绑扎、焊接及机械连接。在施工现场，对钢筋绑扎的检查主要通过尺量及观察，对焊接与机械连接的检查则应按国家现行标准的规定，对接头的质量进行外观检查，对接头试件进行力学性能检验，以保证钢筋的连接质量。

2.钢筋骨架的组成与安装

制成的钢筋骨架须具有足够的刚度而不易变形，并应在浇筑混凝土时不致松散、移位。装配式T形梁单片平面骨架的焊接拼装需在牢固的工作平台上进行。焊接时，由于温度变化，会使骨架产生显著的变形。以致骨架尺寸不符合设计要求，或者在焊缝内产生很大的收缩应力，使焊缝开裂。焊缝的填充金属及焊件金属在电弧的高温下（1500℃以上）熔化成液体，并发生急剧的膨胀。由于呈液体状态，所以膨胀可以自由地沿着焊缝伸展。但当焊条离开焊件时，温度立即下降，填充金属凝固，温度下降产生的收缩就会使钢筋产生很大的应力和变形，这就是骨架变形的原因。为了消除焊接变形，可在施焊前预留拱度，采用分段跳焊、分层跳焊的办法。钢筋骨架预留拱度的数值见表6-1。

表6-1 钢筋骨架预留进度

桥梁跨径/m	工作平台上的预留拱度/mm
<10	3
10	3～5
16	4～6
20	5～7

施焊宜由中到边对称地向两端进行，先焊骨架下部，后焊骨架上部，每条焊缝应一次焊接而成。相邻的焊缝采用分区对称跳焊，不得沿一个方向一次焊成，骨架焊成后敲除药皮。当每一焊位有多层焊缝时，先焊两直径相同钢筋之间的焊缝。再焊不同直径钢筋之间的焊缝。如果相同直径钢筋在同一焊位有几根，则采用分层跳焊。

3.钢筋加工及安装质量检验评定标准

我国《公路工程质量检验评定标准》中对钢筋加工及安装质量检验评定标准规定如下。

基本要求：①钢筋、机械连接器、焊条等的品种、规格和技术性能应符合国家现行标准规定和设计要求。②冷拉钢筋的力学性能必须符合规范要求，钢筋应平直，表面不应有裂皮和油污。③受力钢筋同一截面的接头数量、搭接长度、焊接和机械接头质量应符合施工技术规范的要求。④钢筋安装时必须保证设计要求的钢筋根数。⑤受力钢筋应平直，表面不得有裂纹及其他损伤。

（三）混凝土工程

混凝土工程包括混凝土组成材料的计量，混凝土拌合物的搅拌、运输、浇筑、振捣和养护等工序。

1.混凝土组成材料的计量

混凝土配料时宜采用自动计量装置，各种器具的精度应符合要求，计量应准确。计量器具应定期标定迁移后应重新进行标定。拌制混凝土所用的各项材料应按质量投料，每盘混凝土原材料计量的允许偏差见表6-2。

表6-2　每盘混凝土原材料计量的允许偏差

材料类别	允许偏差/%	
	现场拌制	预留场或集中搅拌站拌制
水泥、混合材料	±2	±1
粗、细集料	±3	±2
水、外加剂	±2	±1

2.混凝土搅拌

混凝土配合比是决定混凝土强度的关键因素。实际拌制用配合比需根据设计配合比的数据和资料，综合施工现场的实际情况加以确定。配制的混凝土拌合物应满足和易性、凝结速度等施工技术条件，制成的混凝土应符合强度、耐久性(抗冻、抗渗、抗侵蚀)等质量要求。

为节约水泥和改善混凝土的技术性能，在混凝土中可适量掺入外加剂和混合材料。主要的外加剂类型有高性能减水剂、高效减水剂、普通减水剂、引气减水剂、泵送剂、早强剂、缓凝剂、引气剂。混合材料包括硅灰、粉煤灰、火山灰质材料、粒化高炉矿渣等。混合材料的技术条件可参考《公路桥涵施工技术规范》。

外加剂宜以稀释溶液的形式加入，其稀释用水和原液中的水量，应从拌和加水量中扣除。加入外加剂溶液应充分溶解，并搅拌均匀。掺和料应采用与水泥相同的输送、计量方式加入。

高强度混凝土的水泥用量不宜大于500kg/m^2，胶凝材料总量不宜大于600kg/m^2。

混凝土应采用机械拌制。拌制时，自全部材料装入搅拌桶中开始搅拌至开始出料的最短搅拌时间，应按照搅拌机产品说明书的要求并经试验确定。

在混凝土拌制过程中。要始终注意稠度的大小。稠度若不符合规定，应立即查明原因，予以纠正。混凝土搅拌完毕后，应检测混凝土拌合物的坍落度及其损失，宜在搅拌地点和浇筑地点分别取样检测。每一工作班或每一单元结构物不应少于两次，评定时应以浇筑地点的测值为准。

当混凝土拌合物从搅拌机出料至浇筑入模的时间不超过15min时，其坍落度可仅在搅拌地点取样检测。

3.混凝土运输

运输混凝土时,应根据运输量的大小和运距采用不同的运输设备。总的要求是运输能力需适应混凝土凝结速度和浇筑速度的需要,使浇筑工作不间断,并使混凝土运到浇筑地点时仍保持均匀性和规定的坍落度等。

可采用搅拌运输车运输混凝土。运输途中应以2~4r/min的慢速进行搅动,卸料前应以常速再次搅拌。当混凝土运至浇筑地点后发生离析、泌水或坍落度不符合要求时,应进行第二次搅拌。二次搅拌时严禁加水,确有必要时,可同时加水、相应的胶凝材料和外加剂并保持原水胶比不变。二次搅拌仍不符合要求时,不得使用。

混凝土拌合物从搅拌机卸出至施工现场接收的时间间隔不宜大于90min。混凝土拌合物垂直运送方法有吊车配吊斗和混凝土输送泵两种。若混凝土需自高处下落,为防止离析,其自由下落高度不宜超过2m;超过2m时,应用串筒、溜管、溜槽或振动溜管等设施使混凝土垂直并缓慢地下降;当下落高度大于10m时,串筒内应设缓冲挡板。使用混凝土泵运送混凝土既可简化竖直运送的工作,提高工效,又可保证混凝土的拌制质量。串筒一般可用多节上大下小的管件连成。管筒可用薄钢板制作,上口直径约30cm,下口直径约25cm,长70~75cm。各管筒之间用钩环连接。

4.混凝土浇筑

混凝土的浇筑方法直接影响混凝土的密实度,从而影响混凝土的强度和耐久性。浇筑方法一般有水平分层浇筑法、斜层浇筑法、单元浇筑法。实际施工时,考虑需对浇筑的混凝土进行振捣等,通常采用几种方法的组合。

浇筑方法主要从两方面来控制:一方面是浇筑层的厚度与浇筑顺序,另一方面是良好的振捣。这两个方面互相影响。

对任何一种形式的预制梁桥,在考虑主梁混凝土浇筑顺序时,不应使模板和支架产生有害的下沉。当在斜面或曲面上浇筑混凝土时,一般从低处开始,宜横向对称进行浇筑。

对于跨径不大的预制梁,可在一跨全长内分层浇筑。一般每层厚度不宜超过30cm。浇筑应尽量快,以便在混凝土失去塑性之前完成。当梁高跨长,或混凝土拌制跟不上浇筑进度时,可采用斜层浇筑法,当梁高跨长,或混凝土拌制跟不上浇筑进度时,可采用斜层浇筑法,由梁一端向另一端浇筑。混凝土的适宜倾斜角与混凝土的稠度有关,一般可用20°~25°。采用这一浇筑方法的最典型示例即为在固定台座上预制箱形简支梁,预制T形梁的马蹄部分钢筋较密,为保证质量,可先浇筑马蹄部分,后浇筑腹板。浇筑腹板时应分段分层,平行作业。

大跨径预制箱梁混凝土的浇筑方法通常是水平分层浇筑法和单元浇筑法的结合。水平分层浇筑法,即先浇筑底板,待其达到一定强度后进行腹板施工或直接先浇筑成槽形梁,然后浇筑顶板。当工程量较大时,各部位可分数次完成浇筑。单元浇筑法即根据施工能力,将整体分成若干纵向单元分别平行浇筑。

混凝土浇筑过程中不得随意中断,并应在前层混凝土凝结之前,将次层混凝土拌合物浇筑、振捣完毕。对不能连续将混凝土浇筑完成的结构,在中断浇筑处设置施工接缝进行处理。

施工缝的位置应在混凝土浇筑之前确定。一般施工缝的位置宜留置在结构受剪力和弯矩较小并便于施工的部位,施工缝宜设置成水平面或垂直面。

5.混凝土振捣

混凝土受振后拌合物中的粗集料因重力作用而向下沉落,并相互滑动挤紧,充满模板,同时将混凝土内的气泡排出,达到密实的要求。混凝土浇筑与混凝土振捣要密切配合,分层浇筑,分层振捣。

常用的振动器有插入式振动器、附着式振动器和平板式振动器等。插入式振动器安装和操作简单、灵活,可在一般情况下使用:附着式振动器可设在底模下和侧模上,是预制梁的主要振捣工具;平板式振动器用于大面积混凝土施工,如桥面、基础等。

6.混凝土养护

混凝土的强度增长主要靠水泥的水化作用,而水泥的水化作用需要有适当的温度和湿度才能实现。混凝土在低温时强度增长很慢,当气温下降至-2℃~-10℃时,硬化基本上停止;如果空气干燥,混凝土中的水分会迅速蒸发,这会影响水化作用,甚至会导致混凝土因产生不均匀变形而造成表面开裂。因此,混凝土浇筑后需进行养护,以保持混凝土硬化时所需的温度与湿度。

混凝土养护方法主要有洒水养护法、塑料薄膜养护法、暖棚加热养护法和蒸汽加热养护法。

混凝土在常温下的养护方法主要是用土工布、麻袋、塑料布等覆盖，并常洒水，以防止日光直射及水分的蒸发，使其保持一定的温度。洒水次数应能保证混凝土处于湿润状态，混凝土养护用水应与拌制用水相同；采用塑料布覆盖养护的混凝土时，其敞露的全部表面应覆盖严密，并应保持塑料布内有凝结水。混凝土施工养护时间，对采用硅酸盐水泥、普通硅酸盐水泥或矿渣硅酸盐水泥拌制的混凝土，不少于7d；对掺用缓凝型外加剂或有抗渗要求的混凝土，不少于14d；干燥、炎热天气应适当延长养护时间。

7.混凝土试件制取

应制取混凝土试件并检验其在标准养护条件下28d龄期的抗压强度。不同强度等级及不同配合比的混凝土应分别制取试件，试件应在浇筑地点从同一盘混凝土或同一车运送的混凝土中随机制取。

8.混凝土冬季施工要点

当室外日平均气温连续5d稳定低于5℃时，需按照混凝土冬季施工方法进行施工。

第二节 预应力混凝土桥梁施工技术

普通钢筋混凝土结构受弯构件在正常使用条件下，其受拉区是开裂的，影响构件的正常使用和耐久性，并限制了高强材料的应用。另外，普通钢筋混凝土结构的自重大，增加了施工的难度，大大地限制了桥梁的跨越能力。随着桥梁跨度的增大，预应力混凝土结构将更具有优势。

一、预应力混凝土结构的特点

预应力混凝土结构除了具有普通钢筋混凝土结构的优点外，还有下述重要特点：能最有效地利用高强钢筋、高强混凝土，减小截面，降低自重，增大跨越能力；与普通钢筋混凝土桥梁相比，一般可节省钢材30%～40%，跨径越大，节省越多；预应力混凝土梁在正常使用条件下不出现裂缝，鉴于能全截面参与工作，故可显著减小建筑高度，使大跨径桥梁做得轻柔美观，扩大了对各种桥型的适应性，提高了结构的耐久性；预应力技术的采用，为现代装配式结构提供了最有效的装配、拼装手段。根据需要,可在纵向、横向及竖向施加预应力,使装配式结构集整成理想的整体,扩大了装配式桥梁的使用范围。

当然,预应力混凝土结构要有作为预应力筋的优质高强钢材,保证高强混凝土的制备质量。同时,要有一整套的预应力张拉设备和材质好、精度高的锚具,并要掌握复杂的施工工艺。

二、预应力混凝土桥梁施工

(一)固定支架就地浇筑法

固定支架就地浇筑施工法是一种古老的施工方法,它是在固定支架上安装模板,绑扎及安装钢筋骨架,预留孔道,并在现场浇筑混凝土与施加预应力的施工方法。由于采用此种方法施工需用大量的支架,故其一般在桥墩较低的中小跨径桥梁或交通不便的边远地区采用。

近年来,随着桥梁结构形式的发展,出现了一些变宽的异形桥、弯桥等复杂的预应力混凝土结构。由于临时钢构件、万能杆件、贝雷梁和"六四式"军用梁等大量应用,其他施工方法都比较困难;或经过比较固定支架就地浇筑施工法较方便、费用较低时,在大跨径桥梁中也可以采用这种施工方法。为了完成现浇梁桥的就地浇筑施工,应根据桥孔跨径、桥孔下面覆盖土层的地质条件、水的深浅等因素,合理地选择支架形式。

(二)悬臂施工法

悬臂施工法是大跨度桥梁最常采用的施工方法,也是桥梁施工中难度较大的施工工艺,需要专门的施工设备和一支熟悉悬臂施工工艺的技术队伍。

采用该方法建造桥梁时,不需要在桥下搭设大量的支架,而是利用挂篮施工设备从墩顶已建梁段向两侧开始对称悬出接长,直至合龙。梁体每延伸一段,通过预应力钢筋将当前梁段与梁体连成一体。按照节段梁体的制作方法方式的不同,悬臂施工法可以分为悬臂浇筑法和悬臂拼装法。

悬臂浇注:在桥墩两侧对称逐段就地浇注混凝土,待混凝土达到一定强度,张拉预应力钢筋,移动机具、模板继续施工。①

悬臂拼装:将预制节段块件,从桥墩两侧依次对称安装,张拉预应力钢筋,使悬臂不断接长,直至合龙。

①王成龙.预应力混凝土连续梁桥施工控制分析[J].工程建设与设计,2021(1):164-165.

1.悬臂浇筑施工

(1)施工挂篮

挂篮是一个能够沿轨道行走的活动脚手架,悬挂在已经张拉锚固的箱梁梁段上。挂篮的承重结构可用万能杆件或采用专门设计的结构。挂篮除了要能承受梁段自重和施工荷载外,还要求自重轻、刚度大、变形小、稳定性好、行走方便等。

用梁式挂篮浇筑墩侧初始几对梁段时,由于墩顶位置受限往往需要将两侧挂篮的承重结构临时联结在一起。待梁段浇筑到一定长度后,再将两侧承重结构分开。如果墩顶位置过于窄小,开始用挂篮浇筑困难时,可以设立局部支架。墩顶梁段(即所谓零号块)或墩顶附近的梁段在支架上浇筑,施工挂篮就在已浇筑的梁段上拼装。

(2)悬臂浇筑施工工艺流程

当挂篮安装就位后,即可在其上进行梁段悬臂浇筑的各项作业,其工艺流程是按每一梁段的混凝土分两次浇筑排列的,即先浇筑底板混凝土,后浇筑肋板及顶板混凝土。当采用一次浇筑时,将浇筑底板混凝土的工序与浇筑肋板及顶板混凝土的工序合并,其他工序不变。混凝土浇筑前,须用硬方木支垫于台车前轮分配梁上,以分布荷载,减小轮轴压力。浇筑混凝土的过程中,要随时观测挂篮由于受荷而产生的变形。挂篮负荷后,还可能引起新旧梁段接缝处混凝土开裂。尤其是采用两次浇筑法施工,第二次混凝土浇筑时,第一次浇筑的底板混凝土已经凝结。由于挂篮的第二次变形,底板混凝土就会在新旧梁段接缝处开裂。为了避免这种裂缝,可对挂篮采取预加变形的方法,如采用活动模板梁等。

悬臂浇筑一般采用由快凝水泥配制的C40 ~ C60混凝土。在自然条件下,浇筑后30 ~ 36 h,混凝土强度达30 MPa。这样可以加快挂篮的移位。目前,每段施工周期7 ~ 10 d,具体应视工程量、设备、气温等条件而定。

悬臂浇筑施工的主要优点是:预制场地小,逐段浇筑,易于调整和控制梁段的位置,且整体性好;不需大型机械设备,主要作业在没有顶棚的挂篮内进行;各段均属严密的重复作业,需要施工人员少,工作效率高等。

其主要缺点是:梁体部分不能与墩柱平行施工,施工期较长,而且悬臂浇筑的混凝土加载龄期短,混凝土收缩、徐变影响较大。

2.悬臂拼装施工

(1)梁段预制

悬拼施工是将梁沿纵轴,根据起吊能力分成适当长度的节段,在工厂或桥位附近的预制场进行预制,然后运到桥位处用吊机进行拼装。节段预制的质量直接关系着梁段悬拼施工的重量和速度,因此,预制时应严格控制梁段断面和形状的精确度,充分注意预制场地的选择与布置、台座和模板支架的制作,工艺流程的拟订以及养护和储运的每个环节。梁段预制的方法通常有长线预制或短线预制法。

第一,长线预制。长线预制是在预制厂或施工现场按梁底曲线制作固定台座,在台座上安装模板进行节段混凝土浇筑工作。组成箱梁的各梁段均在固定台座上的活动模板内且相邻段应相互贴合浇筑,缝面浇筑前涂抹隔离剂,以利脱模。

长线预制需要较大的场地,其底座的最小长度应为桥孔跨径的一半。梁体节段的预制一般在底板上进行。模板常采用钢模,以便于装拆使用。为加快施工进度,保证节段之间密贴,常采用先浇筑奇数节段,然后浇筑偶数节段。当节段混凝土强度达到设计强度75%以上后,可吊出预制场地。

第二,短线预制。短线预制是在固定台位且能纵移的模板内浇筑,由可调整内、外部模板的台车与端梁来完成。当第一节段混凝土浇筑完成后,在其相对位置上安装下一节段模板,并利用第一节段混凝土的端面作为第二节段的端模,完成第二节段混凝土的浇筑工作。这种方法适合节段的工厂化生产预制,设备可周转使用,台座仅需3个梁段长,但节段的尺寸和相对位置的调整要复杂些。短线台座除基础部分外,多采用钢料加工制作。

由于长线台座可靠,因而成桥后梁体线形较好,长线的台座使梁段存贮有较大余地;但占地较大,地基要求坚实,混凝土的浇筑和养护移动分散。

短线预制场地相对较小,模板及设备基本不需移动,可调的底、侧模便于平、竖曲线梁段的预制;但精度要求高,施工严,周转不便,工期相对较长。

箱梁节段预制要求相邻节段之间接触紧密,故必须以前面浇筑完成的节段的端面作为后来浇筑节段的端模。同时,必须采用隔离剂使节段出坑时相对容易从接缝处脱离。

常用隔离剂可分:薄膜类,如塑料硬薄膜;油脂类,如好机油;皂类,如烷基苯磺酸钠，虽成本较高，但使用效果较好。

(2)节段运输

节段运输有水、陆、栈桥及缆吊等各种形式。梁体节段自预制底座上出坑后，一般先存放于存梁场，节段拼装时由存梁场运至桥位处，预制块件的运输方式一般可分为场内运输、装船和浮运三个阶段。

第一，场内运输节段。出坑和运输一般由预制场的龙门起重机担任。节段上船也可使用预制场的龙门起重机。

当预制场与栈桥距离较远时，节段的运输应首先考虑采用平车运输。当采用无转向架的运梁平车运输时，运输轨道不得设平曲线，纵坡一般应为平坡。当地形条件受到限制时，最大纵坡不得大于1%。

第二，装船节段。装船应在专用码头上进行，码头的主要设施是施工栈桥和节段装船的起重机。栈桥的长度应保证在最低施工水位时驳船能够进港起运，栈桥的高度要保证在最高施工水位时栈桥主梁不被水淹。栈桥宽度要保证运梁驳船两侧与栈桥之间不少于0.5 m的安全距离。栈桥起重机的起重能力和主要尺寸(净高和跨度)应与预制场上的起重机相同。

第三，浮运。浮运船只需根据节段的重量和高度来选择，可采用铁驳船、坚固的木趸船、水泥驳船或用浮箱装配。为了保证浮运安全，应设法降低浮运重心。

开口舱面的船应尽量将块件置于船舱底板；必须置放在甲板面上时，必须在舱内。压重块件的支垫应按底面坡度用碎石子堆成，满铺支垫或加设三角形垫木，以保证块件安放平稳。另外，还需以缆索将块件系紧固定。

(3)悬拼方法

第一，浮吊拼装法。重型的起重机械装配在船舶上，全套设备在水上作业，在40 m的吊高范围内起重力大，所用辅助设备少。优点是相应的施工速度较快，一天可以完成2～4段的吊拼，但台班费用较高。

第二，悬臂吊机拼装法。悬臂吊机由纵向主桁架、横向起重桁架、锚固装置、平衡重、起重系统、行走系统和工作吊篮等部分组成。

纵向主桁为吊机的主要承重结构，可由贝雷桁片、万能杆件、大型型钢等拼制。一般由若干桁片构成两组，用横向联结系联成整体，前后用两根横梁支撑。横向起重桁架是供安装起重卷扬机，直接起吊箱梁节段用的构件，多采用贝雷架、万能杆件及型钢等拼配制作。

纵向主桁架的外荷载就是通过横向起重桁架传递给它。横向起重桁架支承在轨道平车上，轨道平车搁置于铺设在纵向主桁架弦的轨道上，起重卷扬机安置在横向起重桁架的上弦。设置锚固装置和平衡重的目的是防止主桁架在起吊节段时倾覆翻转，保持其稳定状态。对于拼装墩柱附近节段的双悬臂吊机，可用锚固横梁及吊杆将吊机锚固于0号块上。对称起吊箱梁节段，不需要设置平衡重。

单悬臂吊机起吊节段时，也可不设平衡重，而将吊机锚固定在节段吊环上或竖向预应力筋的螺丝端杆上。起重系统一般是由电动卷扬机、吊梁扁担及滑车组等组成，作用是将由驳船浮运到桥位处的节段提升到拼装高度以备拼装。滑车组要根据起吊节段的重量来选用。

吊机的整体纵移可以采用钢管滚筒在木板上滚移，由电动卷扬机牵引。牵引绳通过转向滑车系于纵向主桁架前支点的牵引钩上。横向起重桁架的行走采用轨道平车，用倒链滑车牵引。

工作吊篮悬挂于纵向主桁架前端的吊篮横梁上，吊篮横梁由轨道平车支撑以便工作吊篮的纵向移动。工作吊篮供预应力钢丝穿束、千斤顶张拉、压注灰浆等操作之用。可设上、下两层，上层供操作顶板钢束用，下层供操作肋板钢束用。也可只设一层，工作吊篮可用倒链滑车调整高度。

第三，连续桁架拼装法。连续桁架拼装法可分移动式和固定式两类。移动式连续桁架的长度大于桥的最大跨径，桁架支撑在已拼装完成的梁段和待拼墩顶上，由吊车在桁架上移运节段进行悬臂拼装。固定式连续桁架的支点均设在桥墩上，而不增加梁段的施工荷载。

(4)穿束与张拉

第一，穿束。T形刚构桥纵向预应力钢筋的布置有两个特点：一是较多集中于顶板部位；二是钢束布置对称于桥墩。因此，拼装每一对对称于桥墩块件的预应力钢丝束须按锚固这一对块件所需长度下料。

明槽钢丝束通常按等间距排列，锚固在顶板加厚的部分（这种板俗称“锯齿板”），加厚部分预制时留有管道。穿束时先将钢丝束在明槽内摆放平顺，然后再分别将钢丝束穿入两端管道之内，钢丝束在管道两头伸出长度要相等。

暗管穿束比明槽难度大。经验表明，60 m以下的钢丝束穿束一般均可采用人工推送。较长钢丝束穿入端，可点焊成箭头状缠裹黑胶布。60 m以上的钢丝束穿束时，可先从孔道中插入一根钢丝与钢丝束引丝连接，然后一端以卷扬机牵引，一端以人工送入。

第二，张拉。钢丝束张拉前，先要确定合理的张拉次序，保证箱梁在张拉过程中每批张拉合力都接近于该断面钢丝束总拉力重心处。

钢丝束张拉次序的确定与箱梁横断面形式，同时工作的千斤顶数量、是否设置临时张拉系统等因素有关。

一般情况下，纵向钢丝束的张拉次序按下述原则确定：第一，对称于箱梁中轴线，钢丝束两端同时成对张拉；第二，先张拉肋束，后张拉板束；第三，肋束的张拉次序是先张拉边肋，后张拉中肋（若横断面为三根肋，仅有两对千斤顶时）；第四，同一肋上的钢丝束先张拉下边的，后张拉上边的；第五，板束的次序是先张拉顶板中部的，后张拉边部的。

悬臂拼装法施工的主要优点是：梁体块件的预制和下部结构的施工可同时进行，拼装成桥的速度较现浇快，可显著缩短工期；块件在预制场内集中预制，质量较易保证；梁体塑性变形小，可减小预应力损失，施工不受气候影响等。

其缺点是：需要占用较大的预制场地，移运和安装需要大型的机械设备；如果不用湿接缝，则块件安装的位置不易调整。

（5）压浆

管道压浆的目的是保证预应力筋不受腐蚀。目前的工艺是先用高压水检查管道的畅通、匹配面的密贴情况以及封端情况后再进行正式压浆，直到出浆口出浓浆。封闭出浆口持压3～5 min，以保证水泥浆尽量充满管道。

压浆是在局部封锚后进行的，除了保证封端质量外，须在水泥浆中加入适量微膨胀剂，选取合适的配合比，既能使压浆工作顺利进行，又能使凝固后的水泥浆尽量充满管道，尽可能地排出管道内的水和空气，避免力筋受蚀。

（6）合龙段施工

用悬臂施工法建造的连续刚构桥、连续梁桥需在跨中将悬臂端刚性连接、整体合龙。合龙段施工有现浇和拼装两种方法，现浇方法与悬浇中跨合龙段施工方法相同，拼装方法与简支梁板的安装相同。

第三节 桥面及附属工程施工技术

桥面是桥梁服务车辆、行人实现其功能的最直接部分,主要包括支座、桥面铺装层等。其施工质量不仅影响桥梁的外形美观,而且关系到桥梁的使用寿命、行车安全及舒适性等。因此,对于桥面及附属设施的施工必须引起足够的重视。

一、桥梁支座的施工

(一)桥梁支座概述

桥梁支座是桥梁结构的一个重要组成部分,但是由于它在桥梁工程造价中所占比例很小,往往未引起工程技术人员的重视。

20世纪70年代以前,我国的公路、铁路桥梁上常不设支座或仅设置传统的钢支座。随着桥梁建设事业的发展,各种形式的桥梁陆续建成,对桥梁支座的承载力、支座适应线位移和转角能力的要求也不断提高,与之相适应的各种新型桥梁支座应运而生。

桥梁支座是连接桥梁上部结构和下部结构的重要结构部件,它能将桥梁上部结构的反力和变形(线位移和转角)可靠地传递给桥梁下部结构。同时,保证上部结构在荷载、温度变化、混凝土收缩徐变等因素作用下的自由变形,以便结构的实际受力情况与理论计算图示相符合,保护梁端、墩台帽不受损伤。

梁支座必须满足以下功能要求:一是梁支座必须具有足够的承载能力,以保证安全可靠的传递支座反力;二是支座对桥梁变形(位移和转角)的约束应尽可能小,以适应梁体自由伸缩及转动的需要。此外,支座应便于安装、养护和维修,必要时可进行更换。

梁式桥的制作一般分为固定支座和活动支座。固定支座允许梁截面自由转动而不能移动,活动支座允许梁在挠曲和伸缩时转动与移动。针对桥梁跨径、支座反力、支座允许转动与位移不同,支座选用的材料不同,支座是否满足防振、减振要求不同,桥梁支座具有许多相应类型。[①]

---

①施亚军. 浅析桥梁工程桥面系及附属工程施工的技术措施[J]. 黑龙江交通科技,2013,33(6):150.

随着桥梁结构体系的发展，制作类型也相应地更新换代，过去一般针对小跨径桥梁或加工较烦琐的支座，如简易垫层支座钢板支座、钢筋混凝土摆柱式支座等已不常使用，代之以板式橡胶支座、盆式橡胶支座、球形钢支座、聚四氟乙烯滑板支座以及圆形板式橡胶支座等。

（二）不同种类的桥梁支座施工

1. 板式橡胶支座安设

板式橡胶支座由多层橡胶片与薄壁板镶嵌、黏合、压制而成。安装前，应将垫块顶面清理干净，采用干硬性水泥砂浆抹平，且检查顶面标高是否满足设计要求；板式橡胶支座安装前还应对支座的长、宽、厚、硬度、容许荷载、容许最大温差及外观等进行全面检查，如不符合设计要求，则不得使用。

板式橡胶支座安装时，支座中心尽可能对准梁的计算支点，必须使整个橡胶支座的承压面上受力均匀。就位不准或与支座不密贴时，必须重新起吊，采取垫钢板等措施，并应使支座位置控制在允许偏差内，不得用撬棍移动梁、板。

为保证板式橡胶支座安装装置准确，支座安装尽可能排在接近年平均气温的季节里进行，以减小由于温差变化过大而引起的剪切变形。梁、板安装时，必须细致稳妥，使梁、板就位准确且与支座密贴，勿使支座产生剪切变形；就位不准时，必须吊起重放，不得用撬杠移动梁、板。

当墩台两端标高不同，顺桥向或横桥向有坡度时，支座安装必须严格按设计规定办理。支座周围应设排水坡，防止积水，并注意及时清除支座附近的尘油脂与污垢等。

2. 球形支座的安设

球形支座各向转动性能一致，适用于弯桥、坡桥、斜桥、宽桥及大跨径球形支座无承重橡胶块，特别适用于低温地区。

支座出厂时，应由生产厂家将支座调平，并拧紧连接螺栓，防止支座在安装过程中发生转动和倾覆。支座可根据设计需要预设转角及位移，但施工单位应在订货前提出预设转角及位移量的要求，由生产厂家在装配时预先调整好。

支座安装前方可开箱，并检查装箱清单，包括配件清单、检验报告复印件、支座产品合格证书及支座安装养护细则。施工单位开箱后，不得任意转动连接螺栓，并不得任意拆卸支座。支座安装高度应符合设计要求，保证支座平面的水平及平整。支座支撑面四角高差不得大于2 mm。

当下支座板与墩台采用螺栓连接时，应先用钢楔块将下支座板四角调平，高程、位置应符合设计要求，用环氧砂浆灌注地脚螺栓孔及支座底面垫层。环氧砂浆硬化后，方可拆除四角钢楔，并用环氧砂浆填满楔块位置。当下支座板与墩台采用焊接连接时，应对称、间断地将下支座板与墩台上预埋钢板焊接。焊接时应采取防止烧伤支座和混凝土的措施。

当梁体安装完毕，或现浇混凝土梁体达到设计强度后，在梁体预应力张拉之前，应拆除上、下支座连接板。

3. 盆式橡胶支座

盆式橡胶支座是钢构件与橡胶组合而成的新型桥梁支座，具有承载能力大、水平位移量大，转动灵活等特点，适用于支座承载力为1 000 kN以上的跨径桥梁，也适用于城市、林区、矿区的桥梁。

盆式橡胶支座构造简单、结构紧凑、滑动摩擦系数小、转动灵活，与一般铸钢辊轴支座相比，具有重量轻、建筑高度低、加工制造方便、节省钢材、降低造价等优点；与板式橡胶支座相比具有承载能力大、容许支座位移量大、转动灵活等优点。因此，盆式橡胶支座特别适宜在大跨径桥梁上使用。

支座规格和质量应符合设计要求，支座组装时其底面与顶面（埋置于墩顶和梁底面）的钢垫板，必须埋置稳固。垫板与支座间应平整密贴，支座四周不得有0.3 mm以上的缝隙，严格保持清洁。活动支座的聚四氟乙烯板和不锈钢钢板不得有刮伤、撞伤。氯丁橡胶板块密封在钢盆内，要排除空气，保持紧密。

安装前，将支座各相对滑移面用清洁剂仔细擦洗，擦净后在四氟滑板的储油槽内注满硅脂类润滑剂并保持清洁。盆式橡胶支座的顶面和底板可用焊接或锚固螺栓拴接在梁体底面和垫石顶面的预埋钢板上。

焊接时，应防止烧坏混凝土；焊接完成后，应在焊接部位做防锈处理。安装锚固螺栓时其外露螺杆的高度不得大于螺母的厚度。支座安装的顺序，宜先将上座板固定在大梁上，然后根据其位置确定底盆在墩台的位置，最后固定。

支座的安装标高应符合设计的要求，中心线与梁的轴线重合，水平最大位移差不超过2 mm。

安装固定支座时，上下各部件的纵轴线必须对正；安装活动支座时，上下纵轴线必须对正，横轴线应当根据安装时的温度与年平均温度的差，由计算确定其错位的距离；支座上的上下导向挡块必须平行，最大偏心的交叉角不得大于5%。

二、桥面铺装层施工

（一）水泥混凝土桥面铺装层施工

水泥混凝土桥面铺装层的施工工艺为：施工准备工作—安装模板—桥面钢筋绑扎—混凝土制备—混凝土运输—桥面混凝土浇筑—接缝施工—表面修整—养护。下面将对部分施工要点进行介绍。

1.梁顶标高的测定和调整

预应力混凝土空心板或大梁在预制后存梁期间，由于预应力作用，往往会产生反拱。如果反拱过大，就会影响桥面铺装层的施工。因此，设计中对存梁时间、存梁方法都做了一定要求。

如果架梁前已发现反拱过大，则应采取降低墩顶标高、减少垫石厚度等方法来保证铺装层厚度。架梁后应对梁顶标高进行测量，测定各跨中线、边线的跨中和墩顶处的标高，分析评价其是否满足规范要求。若偏差过大，则应采取调整桥面标高、改变引线纵坡等方法，以保证铺装层厚度，使桥梁上部结构形成整体。

2.绑扎、布设桥面钢筋网

桥面钢筋应根据设计要求和相关规定进行绑扎。正交桥必须注意放正钢筋，斜交桥桥面钢筋应按图纸规定方向放置。所有钢筋均应正确留设保护层厚度。采用双层钢筋网时，两层钢筋之间应有足够数量的定位撑筋，以保证两层钢筋的位置正确。

在两跨连接处，若桥面为连续构造，应再布设桥面连续的构造铜筋；若为伸缩缝，要注意做好伸缩缝的预埋钢筋。

3.混凝土浇筑

对板顶处理情况、钢筋网布设情况进行检查。当其满足设计和规范要求后，即可浇筑混凝土。若设计为防水混凝土，其配合比及施工工艺应满足规范要求。

浇筑铺装层时，为防止钢筋变位，不得在钢筋上搁置重物，不得让运料小车在钢筋网上推运，不得让人员在钢筋网上行走践踏。若必须在钢筋上通行，可搭设支架架空走道。在浇筑过程中，应随时注意纠正钢筋位置。

浇筑混凝土时，宜从下坡向上坡进行，注意要连续施工，防止产生施工缝。混凝土振捣时，先用插入式振捣器沿模板边角均匀振捣，然后用平板振捣器对中间部分混凝土进行振捣，直至混凝土不再下沉，最后用振动梁进行整平。

水泥混凝土桥面施工可采用真空脱水工艺，脱水后还应进行表面平整和提浆。如不采用真空脱水工艺，应采用抹子反复抹面直至表面平整、无泌水为止。必须符合设计规定，面层必须平整、粗糙。如果桥面纵坡较大，则必须采取防滑措施。第二次抹平后，应沿横坡方向拉毛或采用机具压槽，拉毛和压槽深度应为 1 ~ 2 mm。浇筑完后待表面有一定硬度时即可开始养生。常用的养生方法为覆盖草麻袋、草帘、塑料薄膜、土工布等并洒水。

（二）沥青混凝土桥面铺装层施工

1.准备工作

铺装沥青混凝土面层以前，须对混凝土桥面的平整度、粗糙度等进行检查，桥面应平整、粗糙、干燥、整洁，并应符合规定的设计要求。测设中线和边线的高程，根据所需铺筑沥青混凝土的最小、最大及平均厚度计算沥青混凝土的数量，做好用料计划。清理桥梁混凝土面层，保持清洁、干燥，并喷洒黏层油，黏层沥青宜采用快裂的洒布型乳化沥青，也可采用快、中凝液体石油沥青或煤沥青，并采用机械喷布工艺，用量一般控制在0.3~0.4 kg/m^2，要求洒布均匀。

2.浇洒黏层

沥青工艺要求如上所述，黏层沥青应均匀洒布（亦可涂刷），浇洒过量的局部地段或积聚油量较多时应予以刮除。当气温低于10 ℃或水泥混凝土桥面层潮湿（或不洁），不得浇洒黏层沥青。浇洒粘层沥青后，严禁除沥青混合料运输车以外的其他车辆、行人通过。粘层沥青洒布后，应紧接铺筑沥青混凝土面层，但乳化沥青应等待破乳、水分蒸发完后铺筑。洒布沥青粘层前宜在路缘石上方涂刷石灰水或粘贴保护纸张，以免沥青沾染缘石。

3. 伸缩缝处理

铺筑沥青面层时，伸缩缝处理宜用黄沙等松散材料临时铺垫与水泥混凝土顶面相平，沥青混凝土面层可连续铺筑，铺筑完成后再按所用伸缩缝装置的宽度，画线切割，挖除伸缩缝部分的沥青混凝土后再安装伸缩装置。

4. 热拌沥青混合料的运输

沥青混凝土面层铺筑用沥青混合料应采用较大吨位的自卸汽车运输，车厢应清扫干净。为防止沥青与车厢板黏结，车厢侧板和底板可涂薄层油水混合液（柴油与水比例可为1∶3），但不得有余液积聚在车厢底部。运料车应用篷布覆盖，用以保温、防雨、防污染，夏季运输时间短于0.5 h时，亦可不加覆盖。

连续摊铺过程中，运料车应在摊铺机前10～30 cm处停住，不得撞击摊铺机；卸料过程中运料车应挂空挡，靠摊铺机推动前进。沥青混合料运至摊铺地点后应凭运料单接收并检查拌和质量及温度要求，遇有已经结成团块或遭遇淋湿的混合料不得铺筑在桥面、道路上。

5. 沥青混凝土面层的铺筑

铺筑沥青混凝土面层应采用机械摊铺，应以伸缩缝的间距确定一次铺筑长度，要求在相邻两个伸缩缝之间尽量不设施工缝。桥面的宽度宜在1 d内铺筑成，每次铺筑的纵向接缝宜在上次铺筑的沥青混凝土的实际温度未降至100 °C时予以接缝铺筑并碾压。

根据混凝土桥面层的平整度、沥青混凝土面层的厚度和结构层次决定一次铺筑或两次铺筑。沥青混凝土面层厚度大于6 cm时，宜采用两次铺装以提高沥青混凝土面层的平整度。

沥青混合料必须缓慢、均匀、连续不断地摊铺，摊铺过程中不得随意变换速度或中途停顿。摊铺速度一般控制在2~6 m/min，可根据沥青混合料供应及机械配套情况及摊铺层厚度、宽度确定。

摊铺好的沥青混合料应随即碾压（碾压方法、要求可参照沥青路面施工有关规定）。如因故不能及时碾压或遇雨时，应停止摊铺，并对卸下的沥青混合料覆盖保温。

当先铺筑的沥青混凝土的实际温度降至80 ℃以下时，后铺筑的沥青混凝土应按冷接缝方法处理，即铣刨接缝处的沥青混凝土，要求接缝顺直。

纵缝的铣刨宽度宜为20～30 cm,横缝的铣刨宽度应用直尺测量后决定,一般不宜小于100 cm。如无铣刨机时,可按画线用切缝机切割后再凿除。

沥青混凝土面层的铺筑和碾压宜从下坡向上坡进行。施工车辆和施工机械不允许停留在新铺装的沥青混凝土面层上,也不允许柴油之类的油料滴漏在沥青混凝土面层上,以免引起沥青混凝土软化、拱包。当采用刻槽方式增加沥青混凝土铺装层与混凝土桥面的啮合,提高其抗滑能力时,刻槽的宽度宜为20 mm,槽间距宜为20 m,槽深宜为3～5 mm。

第七章 桥梁下部结构施工

第一节 明挖基础施工

明挖基础是将基础底板设在直接承载地基上，来自上部结构的荷载通过基础底板直接传递给承载地基。其施工方法通常采用明挖方式进行，是一种直接敞坑开挖、就地浇筑的浅基础形式。由于其施工简便、造价低，因此只要在地质和水文条件许可的情况下，都应优先选用此种施工方法。

明挖基础适用于无水、少水或浅水河流处的基础工程，可采用人工开挖或机械开挖。明挖基础施工中，需重点解决的问题是敞坑边坡的稳定及开挖过程中的排水。明挖基础适用于浅层土较坚实，且水流冲刷不严重的浅水地区。施工中坑壁的稳定性是必须特别注意的问题。由于它的构造简单、埋深小、施工容易，加上可以就地取材，故造价低廉，被广泛用于中小桥涵及旱桥。我国的赵州桥就是在亚黏土地基上采用了这种桥基。

明挖基础也称扩大基础，是由块石或混凝土砌筑而成的大块实体基础。其埋置深度可较其他类型基础浅，故为浅基础。由于它的构造简单，所用材料不能承受较大的拉应力，故基础的厚宽比要足够大，使之形成所谓的刚性基础，受力时不致产生挠曲变形。为了节省材料，这类基础的立面往往砌成台阶形，平面根据墩台截面形状而采用矩形、圆形、T形或多边形等。建造这种基础时多用明挖基坑的方法施工。在陆地开挖基坑时，将视基坑深浅、土质好坏和地下水位高低等因素来判断是否采用坑壁支护结构——衬板或板桩。在水中开挖，则应先筑围堰。

明挖基础施工的主要内容包括基础的定位放样、基坑开挖、基坑排水、基底处理以及砌筑（浇筑）基础结构物等。

一、基础的定位放样

在基坑开挖前，先进行基础的定位放样工作，以便正确地将设计图纸上的基础位置、形状和尺寸在实地标定出来，准确地设置到桥址上。放样工作是根据桥梁中心线与墩台的纵、横轴线，推出基础边线的定位点，再放线画出基坑的开挖范围。基坑各定位点的高程及开挖过程中的高程检查，一般采用水准测量的方法进行。

当墩台中心测放后，基础的尺寸由设计图纸得出，再根据土质确定放坡率，得到基坑顶的尺寸。当基础尺寸为a、b时，基坑顶的尺寸为：

$$\begin{aligned} A &= a + 2 \times (0.5\sim1\text{m}) + 2Hn \\ B &= b + 2 \times (0.5\sim1\text{m}) + 2Hn \end{aligned} \tag{7-1}$$

式中：A——基坑顶的长，m；

B——基坑顶的宽，m；

H——基础底高程与地面平均高程之差，m；

n——边坡的坡度系数。

明挖基坑的放样程序为：施工前，测放出基坑顶挖土线的位置和尺寸；当挖土高程达到设计基础底高程时（当采用机械挖土时，最后0.1 ~ 0.2 m的土由人工挖除），再精确测放出基础平面尺寸和砌筑高度。

二、基坑开挖

基坑开挖的主要工作有挖掘、出土、支护、排水、防水、清底及回填等。施工时，应根据地质条件、水文条件、基坑开挖深度、开挖所采用的方法和机具等，采用不同的开挖工艺。

基坑在开挖前通常需完成下列准备工作：施工场地的清理，地面水的排除，临时公路的修筑，供电与供水管线的敷设，临时设施的搭建，基坑的放线等。施工场地的清理包括拆除房屋、古墓，拆迁或改建通信设备、电力设备、上下水道及其他建筑物，迁移树木等工作。场地内低洼地区的积水必须排除，同时应注意雨水的排除，使场地保持干燥，以便基坑开挖。

地面水的排除一般采用排水沟、截水沟、挡水土坝等设施。应尽量利用自然地形来设置排水沟，将水直接排至基坑外或流向低洼处，再用水泵抽走。主排水沟最好设置在施工区域的边缘或公路的两旁，其横断面和纵向坡度应根据最大流量确定。排水沟的横断面尺寸一般不小于0.5 m×0.5 m，纵向坡度一般不小于3%。平坦地区如出水困难，其纵向坡度不应小于2%，沼泽地区可降至1%。在基坑开挖过程中，要注意保持排水沟畅通，必要时应设置涵洞。基坑开挖时应注意以下事项：

1. 基坑开挖对邻近建筑物或临时设施有影响时，应提前采取安全防护措施。

2. 基坑顶面应提前做好地面防水、排水设施。

3. 基坑开挖时，不得采用局部开挖深坑或从底层向四周掏土。

4. 基坑顶有动荷载时，坑口边缘与动荷载间的安全距离应根据基坑深度、坡度、地质和水文条件及动荷载大小等情况确定，且不应小于1 m。

5. 在土石松动地层或粉砂、细砂层中开挖基坑时，应先做好安全防护措施；当基坑开挖需要爆破时，应执行《爆破安全规程》(GB 6722—2014)中的有关规定；土质松软层基坑开挖时必须进行支护。

6. 基坑开挖时，应观测坡面稳定情况。当发现坑沿顶面出现裂缝，坑壁松塌或遇涌水、涌砂时，应立即停止施工，加固处理后方可继续施工。

(一)土方边坡及其稳定

1. 土方边坡

为了防止塌方，保证施工安全，在开挖深度超过一定限度时，应在其边沿做成一定坡度的边坡。

土方边坡坡度以其高度H与宽度B之比表示。图7-1所示为$1:m$，即：

$$\text{土方边坡坡度} = \frac{H}{B} = \frac{1}{B/H} = 1:m \quad (7\text{-}2)$$

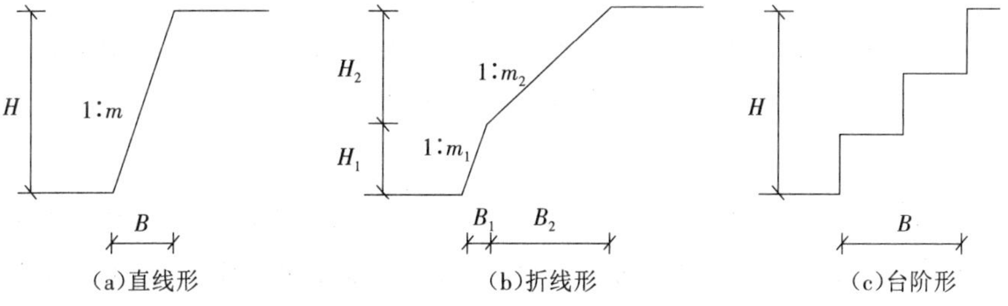

图7-1 土方边坡

根据各层土质及土体所受的压力，土方边坡可做成直线形、折线形和台阶形。合理地选择基坑边坡形式是减少土方量的有效措施。

2. 边坡的稳定

基坑边坡的稳定主要有土体内土颗粒之间的摩擦阻力和内聚力，使土体具有一定的抗滑力来保持。当土体的下滑力大于抗滑力时,边坡就会失去稳定而发生滑动。这种滑动一般在一定范围内表现为整体沿某一滑动面向下和向外移动。一旦失去平衡,土体就会塌方,不仅会造成人身安全事故,影响工期,有时还会危及邻近建筑物的安全。

基坑边坡的失稳往往是在外界不利因素影响下触发和加剧的。这些外界不利因素往往会导致土体剪应力的增加或抗剪强度的降低。

引起土体剪应力增加的因素主要有:

(1)坡顶上堆积物、行车等荷载;

(2)雨水或地面水渗入土中,使土中的含水量增加,而造成土的自重增加;

(3)地下水的渗流会产生一定的动水压力;

(4)土体竖向裂缝中的积水会产生侧向静水压力;

(5)边坡过陡,土体本身稳定性不够。

引起土体抗剪强度降低的因素主要有:

(1)土质本身较差或因气候影响而使土质松软;

(2)土体内含水量增加使土体内聚力降低,产生润滑作用;

(3)饱和的细砂、粉砂因受振动而液化等。

(二)基坑开挖方式

基坑开挖方式与基础的埋置深度、地质土的性质、施工周期的长短有关,可分为直立壁开挖、放坡开挖、支护开挖。基坑开挖方式按基坑所处的环境可分为陆地基坑开挖和水中基础的基坑开挖两种。

1.陆地基坑开挖

陆地基坑开挖主要以施工机械为主,局部采用人工配合。常用的机械多为位于坑顶的由吊机操纵的挖土斗、抓土斗等;遇开挖工作量特别大的基坑,还常用铲式挖土机、铲运机、倾卸车等。桥梁墩台基坑采用机械挖土,距基底设计标高约0.3 m厚的最后一层土,需用人工来挖除、修整,以保证地基土结构不受破坏。

基坑应避免超挖,已经超挖或松动部分,应将松动部分清除。挖至标高的土质基坑不得长期暴露、扰动或浸泡,应及时检查基坑尺寸、高程、基底承载力,符合要求后,应立即砌筑基础。

如基坑开挖后坑壁能保持稳定不坍塌,可不加支护。但实际上因坑深土松,甚至还有地下水或坑顶荷载,故需要进行支护。基坑围护的形式与土质及地下水的高低有着密切关系。基坑开挖过程中,根据土质条件和水位情况对坑壁可采用无支护或有支护的开挖方法。

(1)无支护基坑

当基坑较浅,地下水位较低或渗水量较少,不影响坑壁稳定时,坑壁可不加支护。采用垂直开挖和放坡开挖两种施工方法,将坑壁挖成竖直或斜坡形。竖直坑壁只适宜在岩石地基或基坑较浅又无地下水的硬黏土中采用。在一般土质条件下开挖基坑时,应采用放坡开挖的方法。

基坑开挖的深度一般稍大于基础埋深,视对基底处理的要求而定。基坑尺寸要比基底尺寸每边扩大0.5 ~ 1 m,以便设置排水沟及支立模板和砌筑等工作的开展。

当土的湿度较大可能引起坑壁坍塌时,坑壁坡度应适当放缓。

基坑开挖时,基坑顶面应设置防止地面水流入基坑的设施;基坑顶面有动荷载时,其边缘与动荷载之间应留有大于1 m宽的护道。当工程地质和水文条件不良或动荷载较大时,应加宽护道或采取加固措施,以增强边坡的稳定性。当基坑深度大于5 m时,可将坑壁坡度适当放缓或加设平台。

(2)有支护基坑

当地下水位高于基底且渗透量大,影响坑壁稳定;坡度不宜保持,放坡开挖工作量过大,不符合多、快、好、省的要求;基坑较深,土方量大,施工期较长;受施工场地限制或邻近有建筑物,不能采用放坡开挖时,可采用坑壁支护进行加固施工。

加固坑壁常用的支护形式有:挡板支撑、混凝土护壁支撑(喷射或支模现浇)、板桩墙支撑和地下连续壁支撑等。

2.水中基础的基坑开挖

桥梁墩台基础大多位于地表水位以下,有时水流还比较大,而施工时都希望在无水或静止水条件下进行。桥梁水中基础最常用的施工方法是围堰法。在开挖前,必须首先在基坑外围修筑一道临时挡水结构物即围堰,把围堰内的水排干后,再开挖基坑修筑基础。如排水困难,也可在围堰内进行水下挖土,挖至预定高程后灌注水下封底混凝土,然后再抽干水继续修筑基础。

围堰的作用主要是防水和围水,有时还起着支撑施工平台和基坑坑壁的作用。公路桥梁常用的围堰类型有土围堰、草(麻)袋围堰、钢板桩围堰、套箱围堰。围堰的结构形式和材料应根据水深、流速、地质情况以及通航要求等条件确定。但不论采用哪种围堰,均需满足以下要求:

(1)围堰顶面的高程宜高出施工期间可能出现的最高水位(包括浪高)0.5 ~ 0.7 m,用于防御地下水的围堰宜高出水位或地面0.2 ~ 0.4 m。

(2)围堰的外形应适应水流排泄,大小不应压缩流水断面过多,以免壅水过高而危害围堰安全以及影响通航、导流等。围堰内形应适应基础施工的要求,并留有适当的工作面积。堰身断面尺寸应保证有足够的强度和稳定性,以使基坑开挖后围堰不致发生破裂、滑动或倾覆。

(3)围堰应防水严密,尽量采取措施防止或减少渗漏,以减轻排水工作。对围堰外围边坡的冲刷和筑围堰后引起的河床冲刷,均应有防护措施。

(4)围堰施工一般应安排在枯水期进行。

三、基坑排水

基坑如在地下水位以下,随着基坑的下挖,渗水将不断涌入基坑。施工过程中必须不断地排水,以保持基坑干燥,制造旱地施工条件,便于基坑挖土与基础的砌筑和养护。目前常用的基坑排水方法有表面排水和井点法降低地下水位两种。

(一)表面排水

表面排水是最简单,也是应用最为普遍的方法。在整个基坑开挖过程及基础砌筑和养护期间,在基坑四周开挖集水沟汇集坑壁及基底的渗水,将其引向一个或数个比集水沟更深的集水坑。集水沟和集水坑应设在基础范围以外。在基坑每次下挖以前,必须先挖集水沟和集水坑。集水坑的深度应大于抽水机吸水龙头的高度,以保证吸水龙头的正常工作。在吸水龙头上套竹筐围护,以防止土石堵塞龙头。

表面排水方法设备简单、费用低,适用于岩石及碎石类土,也适用于渗水量不大的黏性土基坑。由于抽水会引起流砂现象,造成基坑的破坏和坍塌,因此当地基土为饱和粉细砂土等黏聚力较小的细粒土层时,应避免采用表面排水法。

(二)井点法降低地下水位

井点法适用于地下水位较高,有承压水,挖基较深,坑壁不稳定的粉质土、粉砂类土、细砂类土土质基坑。根据使用设备的不同,井点主要有轻型井点、喷射井点、电渗井点和深井泵井点等多种类型,可根据土的渗透系数要求降低水位的深度及工程特点选用。

轻型井点降水布置,即在基坑开挖前预先在基坑四周打入(或沉入)若干根井点管,井点管下端1.5 m左右为过滤管,过滤管上钻有若干直径约2 mm的滤孔,外面用过滤层包扎。各个井点管用集水总管连接并抽水。井点管两侧一定范围内的水位逐渐下降,各井点管相互影响就形成了一个连续的疏干区。在整个施工过程中应保持不断抽水,以保证在基坑开挖和基础砌筑的整个过程中基坑始终保持无水状态。

轻型井点降水的特点是井点管范围内的地下水不从基坑四周边缘和底面流出,而是以相反的方向流向井点管,因而可以避免发生流砂和边坡坍塌现象,流水压力对土层还会有一定的压密作用。在过滤管部分包有铜丝过滤网,以免带走过多的土粒而引发土层潜蚀现象。

(三)帷幕法排水

帷幕法是在基坑边线外设置一圈隔水幕,用以隔断水源,减少渗流水量,防止流砂、突涌、管涌、潜蚀等地下水的作用。其方法有深层搅拌桩隔水墙法、压力注浆法、高压喷射注浆法、冻结帷幕法等,采用时均应进行具体设计并符合有关规定。

四、基底检验及处理

(一)基底检验

基础是隐蔽工程,基坑开挖至设计标高后,在基础浇筑前应按规定对基底进行检验,以确定其是否符合设计要求。

基底检验的主要内容应包括:检查基底的平面位置、尺寸大小、基底标高是否与原设计相符,检查基底地质情况和承载力是否与设计相符,检查基底处理及排水情况是否与施工设计规范相符。

(二)基底处理

天然地基上的浅基础是直接靠基底土来承受荷载的,故基底土质状态的好坏对基础和墩台结构的影响极大。所以基底检验合格后,即要进行基底处理工作。

基底处理应根据地基土的种类、强度和密度,按照设计要求并结合现场情况,采取相应的处理方法。基底处理的范围至少应超出基础之外0.5 m。符合设计要求的细粒土、特殊土基底,修整妥善后应尽快修建基础,不得使基底浸水和长期暴露。

基底处理方法视基底土质而异,一般对细粒土及特殊土地基、粗粒土和巨粒土地基、岩层地基、多年冻土地基、溶洞地基、泉眼地基进行相应的基底处理。

第二节 钻孔灌注桩基础施工

一、钻孔方法和机具设备

钻孔灌注桩施工的关键是钻孔。钻孔方法可归纳为如下3种类型。

1. 冲击法:冲击法是用冲击钻机或卷扬机带动冲锥,借助锥头下落产生的冲击力,反复冲击、破碎土石或把土石挤入孔壁中,用泥浆浮起钻渣,或用抽渣筒、空气吸泥机将钻渣排出而形成钻孔。

2. 冲抓法:冲抓法是用冲抓锥依靠自重产生冲击力,切入土层或破碎土层,叶瓣抓土、弃土以形成钻孔。

3. 旋转法:旋转法是用钻机通过钻杆带动锥或钻头旋转切削土壤,用泥浆浮起钻渣并将其排出而形成钻孔。

二、钻孔灌注桩的施工工艺流程

钻孔灌注桩施工因成孔方法的不同和现场情况各异,施工工艺流程不会完全相同。在施工前要安排好施工计划,编制具体的工艺流程图,作为安排各工序施工操作和进度的依据。

当同时有几个桩位施工时,要注意相互间的配合,避免干扰,并尽可能做到均衡使用机具与劳动力，既要抓紧新钻孔的施工，又要做好已成桩的养护和质量检验工作。钻孔灌注桩施工的主要工序包括：准备场地、埋设护筒、制备泥浆、钻孔、清底、钢筋笼制作与吊装以及灌注混凝土等。下面就其要点作简略介绍。

（一）准备场地

钻孔前要进行准备场地工作，其内容包括：

（1）场地为旱地时，应清除杂物，换除软土，整平、夯实；

（2）场地为陡坡时，可用枕木、型钢等搭设工作平台；

（3）场地为浅水时，宜采用筑岛施工，筑岛面积应根据钻孔方法、设备大小等要求确定；

（4）场地为深水或淤泥较厚时，可搭设工作平台，平台必须牢固、稳定，能承受工作时所有的静、动荷载，并保证施工机械能安全进出。

如水流平稳，水位升降缓慢，全部工序可在船舶或浮箱上进行，但必须锚固稳定，桩位准确。如流速较大，但河床可以整理平顺，可采用钢桩或钢丝网水泥薄壁浮式沉井，就位后灌水下沉至河床，然后在其顶部搭设工作平台，在其底部安设护筒。在某些情况下，可在钢板桩围堰内搭设钻孔平台。

（二）埋设护筒

钻孔成功的关键是防止孔壁坍塌。当钻孔较深时，地下水位以下的孔壁土在静水压力下会向孔内坍塌，甚至发生流砂现象。钻孔内若能保持比地下水位高的水头，增加孔内静水压力，就能稳定孔壁，防止坍孔。护筒除可起到这个作用外，还有隔离地表水，保护孔口地面，固定桩孔位置和钻头导向等作用。

制作护筒的材料有木、钢、钢筋混凝土三种。护筒要求坚固耐用，不漏水，其内径应比钻孔直径大（比旋转钻约大200 mm，比潜水钻、冲击锥或冲抓锥约大400 mm），每节长度为2～3 m。一般常用钢护筒，其在陆上与深水中均能使用，钻孔完成后可拔出重复使用。其底部和周围一定范围内应夯填黏土，借助黏土压力及其隔水作用保持护筒稳定，保护孔口地面。在深水中埋设护筒时，先打入导向架，再用锤击或振动加压沉入护筒，护筒入土深度应视土质与流速而定。护筒平面位置的偏差不得大于50 mm，倾斜度不得大于1%。

（三）制备泥浆

钻孔泥浆由水、黏土（膨润土）和添加剂组成，具有浮悬钻渣、冷却钻头、润滑钻具、增大静水压力、在孔壁上形成泥膜、隔断孔内外渗流、防止坍孔的作用。调制的钻孔泥浆及经过循环净化的泥浆，应根据钻孔方法和地层情况采用不同的性能指标。泥浆稠度应视地层变化或操作要求灵活掌握。泥浆太稀，则排渣能力弱，护壁效果差；泥浆太稠，则会削弱钻头的冲击功能，降低钻进速度。

通常采用塑性指数大于25、粒径小于0.002 mm、颗粒含量大于50%的黏土，通过泥浆搅拌机或人工调和储存在泥浆池内，再用泥浆泵输入钻孔内。泥浆泵应有足够的流量，以免影响钻进速度。大直径深孔采用正循环旋转法施工时，泥浆泵应经过流量和泵压计算来选择。对孔深百米以内的钻孔，一般可采用不小于2 MPa的泵压。

（四）钻机就位

测量放样，在护筒周边放出桩位中心十字线，并用红油标识。采用泵吸式反循环成孔工艺成孔，采用钻机本身的动力就位。钻孔在开始之前注意桩的钻孔和开挖，应在中距5 m内的任何混凝土灌桩完成24 h后才能开始，以避免干扰邻桩或钻孔过程。钻孔开钻后要连续作业，根据钻孔和地质层合理选择钻进速度；遇地下水后开始向孔内注浆，孔内水头高度保证2 m以上。钻头使用三翼圆笼钻锥，用优质泥浆护壁，桩的钻孔应保证各桩之间无影响，成孔前应检查孔的中心位置、垂直度和泥浆指标，钻进过程中要经常检查孔径、垂直度、泥浆指标、成孔速度。如有偏差，应及时调整，保证桩基的成孔质量。

（五）成孔

钻孔灌注混凝土桩的成孔方法不胜枚举，至少有几十种。国内常用的有如下方法。

1.正循环旋转法

正循环旋转法是利用钻具旋转切土体钻进，泥浆泵将泥浆压进泥浆龙头，泥浆通过钻杆中心从钻头处喷入钻孔内，然后挟带钻渣沿钻孔上升，从护筒顶部排浆孔排出至沉淀池。钻渣在此沉淀而泥浆流入泥浆池循环使用。正循环旋转法的特点是钻进与排渣同时连续进行，在适用的土层中钻进速度较快,但需设置泥浆槽、沉淀池等,施工占地面积较大,且机具设备较复杂。

2.反循环旋转法

与正循环旋转法不同的是,反循环旋转法是将泥浆输入钻孔内,然后从钻头的钻杆下口吸进,通过钻杆中心排出至沉淀池内。其钻进与排渣效率较高,但接长钻杆时装卸麻烦,钻渣容易堵塞管路。另外,因泥浆从上向下流动,孔壁坍塌的可能性较正循环旋转法大,为此需用较高质量的泥浆。

3.潜水电钻法

潜水电钻法是系统旋转电动机及变速装置均经密封后安装在钻头与钻杆之间,潜入水下作业。其特点是钻具简单轻便,易于搬运,噪声小,钻孔效率较高,操作条件也有所改善,但钻机在水中工作时较易发生故障。

4.冲抓锥法

冲抓锥法不需钻杆,钻进与提锥卸土均较推钻快。由于锥瓣下落时对土层有一股冲击力,故适用的土质较广。但该法不能钻斜孔,钻孔深度超过20 m后,其钻孔进度大为降低;当孔内遇到漂石或探头石时,冲抓较困难,需改用冲击锥钻进。

5.冲击锥法

冲击锥法适用于各类土层。实心锥适用于漂、卵石和软岩层,空心锥(管锥)适用于其他土层。在冲击锥下冲时,部分钻渣被挤入孔壁,可起到加强孔壁并增加土层与桩间侧摩阻力的作用。但该法不能钻斜孔,钻普通土层时,进度比其他方法都慢;钻大直径孔时,需采用先钻小孔而后逐步扩孔的方法(分级扩孔法)。

近年来,基岩钻孔技术特别是钻机的进步是令人惊喜的。过去只能用爆破法、高压水射流才可钻进的硬质岩层,现已能够采用机械钻进法,拓宽了钻孔灌注桩的应用范围。

(六)终孔检查与孔底清理

钻孔的深度、直径、位置和孔形直接关系到成桩质量与桩身曲直。因此,除了钻孔过程中进行密切观测监督外,在钻孔达到设计要求深度后,应对孔深、孔位、孔形、孔径等进行检查。确认满足设计要求后,填写终孔检查记录表。

孔底清理后,要检查泥浆沉淀。《建筑桩基技术规范》(JGJ 94—2008)规定：对于摩擦桩，当直径小于或等于1.5 m时，要求在灌注水下混凝土前的沉渣厚度不大于200 mm；当直径大于1.5 m、长度大于40 m或孔壁容易坍塌时，沉渣厚度不大于300 mm。对于支撑桩，要求沉渣厚度不大于50 mm。

清孔方法视使用的钻机不同而灵活选用，通常可采用正循环旋转法、反循环旋转法、真空吸泥机以及抽渣筒等清孔。

（七）钢筋骨架的制作、安装、入孔、固定

钢筋骨架采用在场内制作，现场安装分节成型（预留接头钢筋长度），现场用吊车吊起，分节入孔的方法施工。施工中骨架第一节入孔后，用支撑杆固定骨架于井口中心位置，吊起另一节骨架与第一节骨架相接，接头采用电弧焊以单面焊的工艺进行焊接。采用几台电焊机同时搭接单面焊，以减少混凝土浇筑前焊接所占用的时间。放钢筋骨架前，先在孔口加设4根导向钢管，以保证钢筋骨架在吊装过程中尽量对中，不伤孔壁及控制保护层厚度。钢筋骨架就位后，采取四点固定，以防止掉笼和混凝土浇筑时发生骨架上浮现象。支撑系统对准中线以防止钢筋骨架倾斜和移动。在钢筋骨架上焊接控制钢筋骨架与孔壁净距的护壁筋，以确保钢筋骨架在孔中的位置、保护层的厚度。钢筋骨架在孔内的高度位置用引笼拉筋固定在孔口位置的方式进行控制。

（八）灌注钻孔桩水下混凝土

采用导管直升法灌注水下混凝土。

1. 导管的形式和连接方法

导管直径为300 ~ 400 mm，壁厚4 ~ 6 mm，中段每节长2 000 mm，底节做成6 000 ~ 8 000 mm长，其余节段用1 000 mm及500 mm的管节找零，导管之间采用法兰连接。吊装之前应将导管连接，做水密性试验和接头承拉试验，保证连接紧密、不漏水。入孔时导管尽量位于孔口中央，导管底端至孔底面距离约为400 mm，且导管要进行升降试验，保证不碰撞钢筋骨架。

2. 灌注水下混凝土

钢筋骨架入孔校正完毕，导管入孔固定后，经监理工程师验收钢筋工序、孔内沉淀层厚度及泥浆指标后，开始浇筑孔内水下混凝土。

浇筑混凝土前再次检测孔底沉淀层厚度，如大于规范要求，应再次抽渣清孔；混凝土拌合物运至灌注地点时，检查和易性和坍落度，符合要求后方可

使用;灌注不得间断。灌注首批混凝土后,导管埋入混凝土中的深度不小于1 m。随着混凝土的不断灌注,不断提升导管,始终保持导管在混凝土中的埋置深度为4 ~ 6 m,灌注的桩顶高程高出设计高程0.5 ~ 1 m。灌注过程中应经常量测孔内混凝土面层的高程,及时调整导管排泄端与混凝土表面的相对位置,并始终严密监视导管在无空气和水进入状态下的填充情况。灌注混凝土时溢出的泥浆应引流至适当地点处理,以防污染。混凝土应连续灌注直至灌注到设计的混凝土顶面,以保证截切面以下的全部混凝土具有优良质量。

三、钻孔灌注桩基础施工注意事项

(一)钻孔机械就位后,应对钻机及配套设备进行全面检查。

(二)钻机安设必须平稳、牢固,钻架应加设斜撑或缆风绳。

(三)冲击钻孔时,选用的钻锥、卷扬机和钢丝绳等应配置适当;钢丝绳与钻锥用绳卡固接时,绳卡数量应与钢丝绳直径相匹配。

(四)冲击过程中,钢丝绳的松弛度应适宜。正、反循环旋转钻机及潜水钻机使用的电缆线要定期检查,接头必须绑扎牢固,确保不漏水、不漏电;对经常处于水、浆浸泡处应架空搭设。

(五)挪移钻机时,不得挤压电缆线及风水管路。潜水钻机钻孔时,一般在完成一根钻孔桩后要检查一次电动机的封闭状况。钻进速度应根据地质变化加以调整,以保证安全运转。

(六)采用冲抓或冲击钻孔,当钻头提到接近护筒底缘时,应减速、平稳提升,不得碰撞护筒和钩挂护筒底缘。

(七)钻孔使用的泥浆宜设置泥浆净化系统,并注意防止或减少环境污染。

(八)钻机停钻后,必须将钻头提出孔外置于钻架上,不得滞留孔内。

(九)对于已埋设护筒但尚未开钻,或已成桩护筒尚未拔除的,应加设护筒顶盖或铺设安全网遮罩。

四、钻孔事故及处理

常见的钻孔(包括清孔)事故有坍孔、钻孔偏斜、掉钻落物、糊钻、扩孔与缩孔以及出现梅花孔、卡钻、钻杆折断、钻孔漏浆等。遇到事故时,要冷静分析事故原因,及时、果断地采取补救措施。

五、挖孔灌注混凝土桩

挖孔灌注混凝土桩是用人工和小型爆破，配合简单工具挖掘成孔，灌注混凝土形成桩基，适用于无水或水较少的较实的各类土层。桩径（或边长）不宜小于1.2 m，孔深一般不宜超过20 m。在实际施工中，挖孔桩有一定的适用范围，其特点是投资少、进度快、可多点同步作业且所需机具设备少，成孔后可直接检查孔内土质状况，基桩质量有可靠保证。对于挖深过大（超过15~20 m），或孔壁可能坍塌及渗水量稍大等情况，应慎重选择施工工艺，增加护壁措施，改善通风条件，以确保施工安全。

第三节　沉井基础施工

在修建负荷较大的建筑结构物时，其基础应该坐落在坚固、有足够承载力的土层上。当这类土层较深，采用天然基础和桩基础受水文地质条件限制时，需用一种就位后上、下开口封闭的结构物来承受上部结构的荷载，这种结构物被称为沉井。

沉井是用混凝土或钢筋混凝土制成的井筒（下有刃脚，以利于下沉和封底）结构物。施工时，先按基础的外形尺寸在基础的设计位置上制造井筒，然后在井内挖土，使井筒在自重（有时需配重）作用下克服土的摩阻力缓慢下沉。当第一节井筒顶下沉接近地面时，再接第二节井筒，继续挖土，如此循环，直至下沉到设计高程。最后浇筑封底混凝土，用混凝土或砂砾石充填井孔，在井筒顶部浇筑钢筋混凝土顶板，即形成深埋的实体基础。

沉井基础既是结构基础，又是施工时的挡土、防水围堰结构物。其埋深大，整体性强，稳定性好，刚度大，能承受较大的上部荷载，且施工设备和施工技术简单，节约场地，所需净空高度小。沉井可在墩位筑岛制造，井内取土后靠自重下沉，也可采用辅助下沉措施，如采用泥浆润滑套、空气幕等方法，以减小下沉时的井壁摩阻力和井壁厚度等。刃脚在井壁最下端，形如刀刃，在沉井下沉时起切入土中的作用。井筒是沉井的外壁，在下沉过程中起挡土的作用。沉井下沉过程中，需要有足够的重量克服筒壁与土之间的摩阻力及刃脚底部的土阻力，使沉井能在自重作用下逐步下沉。沉井基础施工内容如下。

一、沉井制作

沉井制作方案应根据沉井施工方法确定。在沉井施工前,应详细掌握沉井入土地层及其地基岩石地质资料,并依次制定沉井下沉方案;对洪汛、凌汛、河床冲刷、通航及漂浮物等做好调查研究,并制定必要的安全技术措施,以确保沉井下沉。

沉井制作可分为就地制作沉井、浮式沉井和泥浆润滑套沉井三种方案。

(一)就地制作沉井

沉井位于浅水或可能被水淹没的岸滩时,宜采用筑岛沉井;在无被水淹没可能的岸滩上时,可就地整平夯实制作沉井;在地下水位较低的岸滩,土质较好时可开挖基坑制作沉井。就地制作沉井的方法分为干旱滩岸沉井浇筑法和水中筑岛沉井浇筑法两种。

干旱滩岸沉井浇筑法就是墩台基础位于干旱地而制作沉井,施工时沉井就地下沉。若土质松软,应在进行场地平整并夯实后,在其上铺垫300 ~ 500 mm的砂垫层,并铺以垫木,垫木之间用砂填平,不允许在垫木下垫塞木块、石块来调整顶面高程,以防压重(也称配重)后产生不均匀沉降。

水中筑岛沉井浇筑法适用于水深3 ~ 4 m、流速较小的情况,围堰筑岛时,其岛面、平台面和坑底高程应比施工时的最高水位高出500 ~ 700 mm,当有流冰时还应适当加高。底层沉井的制作工序包括场地平整夯实,铺设垫木,立沉井模板及支撑,钢筋焊扎,浇筑混凝土等。

在支垫上立模制作沉井时,应符合下列要求:

1. 支垫布置应满足设计要求,应抽垫方便。

2. 支垫顶面应与钢刃脚底面紧贴,使沉井重力均匀分布于各支垫上。

3. 模板及支撑应具有足够的强度和较好的刚性。内隔墙与井壁连接处的支垫应连成整体,底模应支撑于支垫上,以防不均匀沉陷;外模与混凝土面贴接一侧应平直、光滑。

刃脚部分采用土模制作时,应符合下列要求:

1. 刃脚部分的外模应能承受井壁混凝土的重力在刃脚斜面上产生的水平分力;土模顶面的承载力应满足设计要求,一般宜填筑至沉井隔墙底面。

2.土模表面及刃脚底面的地面上均应铺筑一层20～30 mm的水泥砂浆，砂浆层表面应涂隔离剂。

3.应有良好的防水、排水设施。

由于沉井分节制作，分节沉入土中，故其分节制作的高度应既能保证其稳定，又能产生重力下沉的作用。因此，底节沉井的最小高度应能抵抗拆除垫木或挖去土模（当刃脚为土模时）时的竖向挠曲强度。当挖土条件许可时应尽量高，一般情况下每节高度不宜小于3 m，并应处理好接缝。在沉井接高时，注意使各节沉井的竖向中轴线与第一节沉井重合，且外壁应竖直、平整。

（二）浮式沉井

浮式沉井是把沉井底节制造成空体结构，或采取其他方法使之漂浮于水中，用船只拖运到设计位置后逐步用混凝土或水灌注，增大自重，使其在水中徐徐下沉直达河底。这种方法适用于水深流急、筑岛困难的沉井基础。

1.钢丝网水泥薄壁沉井

钢丝网水泥薄壁由骨架、钢丝网、钢筋网和水泥砂浆等组成，由30 mm钢丝水泥薄壁隔成空腹壳体，入水后能浮于水中；浮运就位后向空腹壳体内灌水，使之下沉落于河床上，再逐格对地下混凝土灌注水，从而使薄壁空腹沉井变成普通的重力式沉井。钢丝网水泥薄壁沉井由于钢丝网均匀分布在砂浆中，增加了砂浆的内聚力和握裹力，从而提高了砂浆的抗拉强度和韧性，使钢丝网水泥薄壁具有很大的弹性和抗裂性，并能抵抗一定程度的冲击。它具有结构薄而轻，有足够强度和刚度，节省材料，操作简单，可多点平行施工作业且施工时无须模板，可节省模板和支撑等特点。当河流宽度超过200 m时，可采取半通航措施，用钢丝绳牵引沉井入水。因而浮运就位方法简单，设备简便。

2.钢筋混凝土薄壁沉井

钢筋混凝土薄壁沉井的内、外井壁及隔墙均采用钢筋混凝土薄壁轻型结构，具有良好的强度和刚度，刃脚也具有足够抵抗侧土压力的强度。

3.装配式钢筋混凝土薄壁沉井

装配式钢筋混凝土薄壁沉井是近年来采用的一种深水墩基础形式。其沉井分层依次叠装，然后浇筑水下混凝土形成井壁，最后抽水、清基、填芯而成。基本构件由纵贯上下的梯形导杆（4根）、每层1 m的井壳（圆头2块、直线段2块)和与井壳等高的支撑梁壳(4块)装配而成。

(三)泥浆润滑套沉井

泥浆润滑套沉井是在沉井外壁与土层间设置泥浆隔离层,以减小土体与井壁间的摩擦力,从而可减轻沉井自重,加大下沉速度,提高下沉效率。泥浆润滑套沉井刃脚踏面宽度宜小于100 mm,以利于减小下沉时的摩阻力。沉井外壁应做成单台阶形,为防止泥浆通过沉井侧壁而渗透到沉井内,对直径小于8 m的圆形沉井,台阶位置在距刃脚底面2 ~ 3 m处;对面积较大的沉井,台阶位置在底节与第二节接缝处。台阶的宽度:S为泥浆套宽度,一般为100 ~ 200 mm。

二、沉井下沉

沉井下沉是指通过井内除土,清除刃脚正面阻力和沉井内壁阻力后,依靠沉井自重下沉。井内除土方式有排水开挖和不排水开挖。在稳定的土层中,当渗水量不大时,可采用排水开挖使沉井下沉。在有涌水翻砂而不宜采用排水下沉的地层,应采用不排水开挖。不排水开挖采用抓土、吸泥等方法使沉井下沉,必要时辅以压重、高压射水,降低井内水位而减小浮力、增加沉井自重。

(一)拆除垫木

抽垫工作是沉井下沉的开始工作,也是整个沉井下沉工作中极为重要的工序之一。拆除垫木必须在沉井混凝土达到设计强度等级后方可进行。

1. 抽垫应分区、依次、对称、同步进行。

2. 应将井孔内的所有杂物清除干净,准备工作全部就绪后,方可进行抽垫。

3. 抽垫时,先挖垫木下的填砂,再抽垫木,垫木宜从外侧抽出。垫木抽出后,应回填土,开始几组可不作回填,当抽出几组垫木出现空当后,即应回填。回填材料可用砂、砂夹碎石。回填时应分层洒水夯实,每层厚度为200 ~ 300 mm,但回填料不允许从沉井内或筑岛材料中获取,以防沉井歪斜。回填高度应以最后分配给定位垫木的重量不致压断垫木以及垫木下土体承压应力不超过岛面极限承压应力为准,必要时可加大回填高度,甚至在隔墙下进行回填,以满足要求。

4. 抽垫时定位垫木的位置应按设计确定。若设计无规定，则对于圆形沉井，应安排在周边相隔90°的4个支点上；对于矩形沉井，应对称布置在长边，每边两个。当沉井长、短边的长度之比为 $2 > L / B \geq 1.5$（L 为长边长，B 为短边长）时，长边两承垫间的距离为0.7 L；当比值 $L / B \geq 2$ 时，距离为0.6 L。

5. 当抽垫至垫木的2/3时，沉井下沉较为均匀，下沉量小，回填时间较为充裕，便于较好地抽垫和回填。当继续抽垫时，下沉量逐步加大，回填也较困难，甚至会出现下沉太快以致回填时间不足，造成垫木压坏或间断的情况。因此，抽垫开始阶段宜缓慢进行，以便有足够的时间充分回填夯实，力求尽量改变最后阶段下沉快、沉降量大、断垫等现象。

（二）井内除土

1. 排水开挖下沉

在稳定的土层中，渗水量不大（每平方米沉井面积的渗水量小于1 m^3/h）时，可采用排水开挖下沉。从地面或岛面开始挖土下沉时，应将抽垫时在刃脚内侧的回填土分层挖去。其开挖顺序原则上与抽垫顺序相同，定位承垫处的土最后挖除。当一层全部挖完后，再挖第二层，如此循环往复。开挖的方法如下：当土质松软时，分层挖除回填土，沉井逐渐下沉；当沉井刃脚下沉至沉井中部与土面大致平齐时，即可在中部先向下开挖400 ~ 500 mm，并向四周均匀开挖；距刃脚约1 m处时，再分层挖除刃脚内侧的土台；当土质较坚实时，可从中部向下开挖400 ~ 500 mm，并向四周均匀扩挖，使沉井平稳下沉；当土质坚硬时，可按抽垫顺序分段掏空刃脚。每段掏空后随即回填砂砾，待最后几段掏空并回填后，再分层分次序地逐步挖去回填土，使沉井下沉至岩层。

开挖刃脚下的土体时，可采用跳槽法，即将刃脚周长等分为若干段，每段长约1 m，先隔一段挖一段，然后挖去剩余各段，最后挖定位承垫处的岩石。开挖时，下沉速度应根据沉井大小、入土深度、地层情况而定。一般而言，平均下沉速度为0.5 ~ 1 m/d。

2. 不排水开挖下沉

不排水开挖下沉的基本要求为：

（1）沉井内除土深度应根据土质而定，最深不应低于刃脚2 m；土质特别松软时，不应直接在刃脚下除土。

(2)应尽量加大刃脚对土的压力。当沉井通过粉砂、细砂等松软地层时，不宜以降低沉井内水位从而减小浮力的方法来促使沉井下沉，应保持沉井内水位高于沉井外水位1～2 m，以防止流砂现象的发生，其会引起沉井歪斜，增加吸泥工作量。

(3)除纠正沉井倾斜外，沉井各孔内的土应均匀清除，土面高差不应超过500 mm。

(4)当沉井入土较深，井壁阻力较大时，应根据具体情况采取有效的下沉方法，如采取抓土、吸泥、射水交替联合作业。必要时还需辅以降低沉井内水位，在沉井底放炮震动，或用在沉井顶压重的方法，使沉井下沉至设计高程。

不排水开挖下沉常采用抓土下沉。单孔沉井时，抓斗挖掘井底中央部分的土，形成锅底状。

在砂或砾石类土体中，一般当锅底比刃脚低1～1.5 m时，沉井即可靠自重下沉，并将刃脚下的土挤向中央锅底；在黏性土中，由于四周土不易向锅底坍落，应辅以高压水松土。多孔沉井时，最好在每个井孔上配置一套抓土设备，以同时均匀除土、减少抓土斗倒孔时间，使沉井均匀下沉。

为了使抓斗能在沉井孔内靠边的位置上抓土，需在沉井顶面井孔周围预埋挂钩。偏抓时，先将抓斗落至孔底，再将钢丝绳挂在井孔周边的挂钩上进行抓土，如此就可以达到偏抓的目的。

(三)辅助下沉措施

1.高压射水

当局部地点难以由潜水员定点、定向射水掌握操作时，在一个沉井内只可同时开动一套射水设备，并不得进行除土或其他起吊作业。射水水压应根据地层情况、沉井入土深度等因素确定，可取1～2.5 MPa。

2.抽水助沉

不排水下沉的沉井，对于易引起翻砂、涌水的地层，不宜采用抽水助沉方法。

3.压重助沉

沉井圬工尚未接高浇筑完毕时，可利用接高浇筑圬工压重助沉，也可在井壁顶部用钢铁块件或其他重物压重助沉。采用压重助沉时，应结合具体情况及实际效果选用。

4.炮震助沉

一般不宜采用炮震助沉方法。在特殊情况下必须采用时，应严格控制用药量。在井孔中央底面放置炸药起爆助沉时，可采用0.1～0.2 kg炸药，具体使用应视沉井大小、井壁厚度及炸药性能而定。同一沉井每次只能起爆一次，并应根据具体情况适当控制炮震次数。

（四）沉井接高

接高上节沉井模板时，不得直接支撑于地面。接高时应均匀加重，防止沉井突然下沉和倾斜。接高后的各节沉井的中轴线应为一直线。混凝土施工接缝应按设计要求布置接缝钢筋，清除浮浆并凿毛。

1.沉井接高前，应尽量纠正倾斜，接高各节的竖向中轴线应与前一节的中轴线重合。

2.水上沉井接高时，井顶露出水面不应小于1.5 m；地面上沉井接高时，井顶露出地面不应小于0.5 m。

3.接高前不得将刃脚掏空，避免沉井倾斜，接高加重应均匀、对称地进行。

沉井下沉时，如需在沉井顶部设置防水或防土围堰，围堰底部与井顶应连接牢固，防止沉井下沉时围堰与井顶脱离。

（五）沉井纠偏

1.纠偏前，应分析原因，然后采取相应措施，如有障碍物应首先清除。

2.纠正倾斜时，一般可采取除土、压重、顶部施加水平力或刃脚下支垫等方法进行。对空气幕沉井可采取偏侧局部压气纠偏。

3.纠正位移时，可先除土，使沉井底面中心向墩位设计中心倾斜，然后再对侧除土使沉井恢复竖直。如此反复进行，使沉井逐步接近设计中心。

4.纠正扭转时，可在一对角线的两角除土，在另外两角填土，借助于刃脚下不相等的土压力所形成的扭矩，可使沉井在下沉过程中逐步纠正其扭转角度。

三、沉井清基和封底

（一）沉井清基

沉井清基是指沉井下沉到位后，清除基底的松散土层及杂质，以保证封底混凝土直接支撑在持力土层上。

①沉井下沉至设计高程后，基底面地质应符合设计要求。如有不符需作处理，应征得设计单位同意，必要时取样鉴定。

②清理后的基底面距隔墙底面的高度及刃脚斜面露出的高度，必须满足设计要求的最小高度。

③基底浮泥或岩面残存物均应清除，保证封底混凝土与基底间不产生有害夹层。

④隔墙底部及封底混凝土高度范围内井壁上的泥污应予以清除。

（二）沉井清基方法

1.排水清基

排水清基时，施工人员可进入井底施工，比较简单，主要问题是防止沉井在清基时倾斜，处理从刃脚下涌入井内的流沙等。

2.不排水清基

不排水清基可采用高压射水将刃脚及隔墙下的土破坏，然后用吸泥机除渣。高压射水一般使用直径为75～86 mm的钢管，下端配有单孔锥形射水嘴，出水孔直径为13～20 mm。沉井沉至设计高程后，应检验基底的地质情况是否与设计相符。排水下沉时可直接检验、处理；不排水下沉时应进行水下检验、处理，必要时需取样鉴定。

（三）封底

基底检验合格后，应及时封底。对于排水下沉的沉井，在清基时如渗水量上升速度小于或等于6 mm/min，可按普通混凝土浇筑方法进行封底；若渗水量大于上述规定，宜采用水下混凝土进行封底。

沉井封底时，若井内可以排水，则按一般混凝土施工；若不能排水，则采用导管法灌注水下混凝土。

用刚性导管法进行水下混凝土封底时，应满足如下要求：

1.混凝土材料可参照钻孔灌注桩水下混凝土的有关规定，混凝土的坍落度宜为150 ～200 mm。

2.灌注封底水下混凝上时，需要的导管间隔及根数应根据导管作用半径及封底面积确定。

3.用多根导管进行灌注的顺序应进行设计,防止产生混凝土夹层。若同时浇筑,当基底不平时,应逐步使混凝土保持大致相同的高程。

4.每根导管开始灌注时所用的混凝土坍落度宜采用下限,首批混凝土的需要量应通过计算确定。

5.在灌注过程中,应根据混凝土的堆高和扩展情况正确调整坍落度和导管埋深,使每盘混凝土灌注后形成适宜的堆高和不大于1∶5的流动坡度。抽拔导管时应严格保证导管不进水。混凝土面的最终灌注高度应比设计值高出至少150 mm。待灌注混凝土强度达到设计要求后,再抽水凿除表面松弱层。

沉井封底时,若为水下压浆混凝土,应按设计要求施工。沉井基础的质量应符合下列规定:

1.混凝土的强度应符合设计要求。

2.沉井刃脚底面高程应符合设计要求。

3.底面、顶面中心与设计中心的偏差应符合设计要求。当设计无要求时,其允许偏差纵横方向为沉井高度的1/50(包括因倾斜而产生的位移)。对于浮式沉井,允许偏差值增加250 mm。

4.沉井的最大倾斜度为1/50。

5.对于矩形、圆端形沉井的平面扭转角偏差,就地制作的沉井不得大于1°,浮式沉井不得大于2°。

第四节 桥梁墩台及盖梁施工

一、桥墩的主要类型及构造

墩台是桥梁的重要组成部分,它决定桥跨结构在平面上和高程上的位置,并将荷载传递给基础。桥墩是指多跨桥梁的中间支承结构物,由墩帽(盖梁)、墩身与基础构成;承受由相邻两跨上部结构支座传来的竖直力、水平力和墩身风力,位于水流中的桥墩还要承受水流压力、冰作用以及可能出现的船只排筏或漂浮物的撞击。桥台是连接两岸道路的桥路衔接构造物,它除了支承上部结构外,还起着挡土护岸的作用,由台帽、台身和基础构成;承受由支座传来的竖直力和水平力的同时,还承受台后填土及填土上附加作用引起的侧向土压力。因此,桥梁墩台结构不仅自身应具有足够的强度、刚度和稳定性,而且对地基的承载能力、沉降量、基础和地基之间的摩阻力等都必须提出较高的要求,以防止在桥梁承重作用下,地基发生过大的水平位移、转动或沉降。①

（一）梁桥桥墩

国内梁桥常采用的桥墩类型根据墩身结构形式可分为实体式（重力式）墩、桩（柱）式墩、柔性（排架）墩、钢筋混凝土空心墩及薄壁墩等。

1. 重力式（实体式）桥墩

重力式桥墩由墩帽、墩身和基础组成。这类桥墩主要靠自身重力（包括桥跨结构重力）平衡外力保证桥墩稳定。因其墩身较为厚实,可用天然石材或片石混凝土砌筑,在沙石料方便的地区和小桥采用较普遍。

（1）墩帽

墩帽一般用不低于C20的混凝土筑成,其顶面在横桥向上做成一定的排水坡,四周应挑出5～10 cm作为滴水（檐口）。

（2）墩身

墩身可用混凝土、片石混凝土浇筑,也可用石料或混凝土预制块砌筑。墩身的主要尺寸包括墩高,墩顶面、墩底面的平面尺寸,以及墩身侧面的尺寸。墩身平面形状通常做成圆端形或尖端形,在无水岸或高架桥也可做成矩形,在水流与桥梁斜交时,可做成圆形。

（3）基础

设在天然基地上的桥墩基础一般采用C15以上的混凝土或M5浆砌片石（或块石）。基础平面尺寸应较墩身底面尺寸略大（四周各加宽20 cm）。

2. 桩（柱）式桥墩

桩（柱）式桥墩是桥梁中采用较多的形式,其外形轻巧大方,圬工体积较少。桩（柱）式桥墩常配合钻孔灌注桩基础而采用,一般适用于桥梁跨径约30 m,墩身高度约20 m的条件。

3. 钢筋混凝土薄壁式墩和空心墩

实体式墩体在许多情况下其材料强度不能充分发挥,尤其是在高桥墩条

①杨发荣. 基于公路桥梁下部结构施工技术的探讨[J]. 黑龙江交通科技,2019(4):160-161.

件下，为了减少墩身圬工体积，减轻自重（薄壁墩较实体墩节省圬工约70%），降低实体墩对地基的承压能力要求，可采用钢筋混凝土薄壁式墩或空心墩。空心桥墩在构造上应遵循下列规定：①墩身最小壁厚，对于钢筋混凝土不小于0.3 m，对于混凝土不小于0.5 m。②墩身内应设横隔板或纵、横隔板，以加强墩壁的局部稳定。③墩身周围应设置通风孔或泄水孔，孔径不小于0.2 m；墩顶实体段以下应设置有门的进入洞或相应的检查设施。

一般在流速大并且夹有大量泥沙、石块或可能有船舶与漂浮物撞击的河流中不宜采用空心桥墩。

4.柔性（排架）墩

柔性墩的主要特点是通过一些构造措施，将上部结构传来的水平力（制动力、温度影响力等）传到全桥各个柔性墩或相邻的刚性墩上，以减少单一柔性墩所受到的水平力，而达到减少墩身截面的目的。柔性墩的优点是用料省、修建简便、施工速度快。主要缺点是钢材用量较多，使用高度和承载能力受到限制。由于目前大交通量和荷载加重，这类桥墩几乎很少采用。

为加大桥梁跨径、减轻墩身自重和阻水面积，以及适应城市与风景区的景观要求，可采用各种形式的钢架式桥墩，如V形、Y形、H形桥墩等。这类桥墩虽然用钢量较大，施工模板较复杂，但是其结构造型轻盈新颖，桥下视野宽敞明亮，景观效果好。

（二）拱桥桥墩

拱桥桥墩通常采用重力式和桩（柱）式墩。它与梁桥桥墩的不同之处是：①拱是推力结构，它给桥墩以较大的水平推力；②桥墩的相对位移将给拱桥以较大的附加内力，因而拱桥桥墩（台）对地基的要求比梁桥要高；③梁桥桥面与支座顶面的高差就是主梁的建筑高度；而对上承式或中承式拱桥来说，拱桥桥面到拱座之间还有拱上建筑结构高度。因此，拱桥桥墩在结构上有如下特点。

1.拱座

拱座相当于梁式桥墩（台）的墩（台）帽是直接支承拱圈的部分，相邻桥跨的拱推力相互抵消后，将不平衡推力传至墩身。它承受较大的拱圈压力，应该采用C20以上整体式混凝土、混凝土预制块或C40以上石块砌筑；肋拱桥的拱座要像梁式桥的支座垫石一样用高强度等级混凝土及数层钢筋网加固；装配式的肋拱,以及双曲拱桥的拱座,也可预留插入拱肋的孔洞,在洞底及洞壁设加固钢筋网。

2.单向推力墩

在多孔拱桥中,为了承受永久作用引起的单向推力,以防止一孔因故破坏时使全桥倾塌,应每隔3~5孔设置一座能承受这种单向推力的“分段墩”。有时为了施工时拱架的多次周转,也在多孔拱桥中设置分段墩,以承受裸拱或全拱恒载推力。

分段墩(单向推力墩)过去一般用实体墩,因而增加了阻水面积。国内广大造桥工人和科技人员曾提出了一些新型单向推力墩,如悬臂式墩、加设斜撑的柱式墩等。悬臂墩是在柱式墩上加一对悬臂,拱座设在悬臂端部。当一孔坍塌时,相邻孔永久作用单向推力。桩柱墩身产生的弯矩,被永久作用竖向反力产生的反向弯矩抵消一部分,从而减小桩柱墩身的弯矩,使墩柱能够承受拱的单向永久作用推力。斜撑式墩是在墩柱的两侧,对称地增设钢筋混凝土或预应力混凝土斜撑和水平拉杆用来提高抵抗水平推力的能力。其优点是可节省单推力墩的圬工体积。宜在桥墩不太高的旱地处采用。

3.相邻两孔推力不相等的桥墩

此时最好以变更相邻的矢跨比,调整拱座位置或拱上结构形式而使两孔推力或推力对桥墩基底弯矩大致相等;也可以将桥墩在立面做成不对称形式,使恒载压力线接近墩的轴线和基底面积形心。

拱桥的桩柱式桥墩一般为配合钻孔桩基础而采用。它与梁桥桩柱式桥墩的主要差别是:在梁桥墩帽上设置支座,而在拱桥墩顶部分则设置拱座。当桩柱墩较高时,应在桩间设置横系梁以增强桩柱墩的刚性。如果柱与桩直接连接,则应在结合处设置横系梁。若墩柱高度大于6~8 m时,还需在墩柱的中部设置横系梁。

二、桥台的主要类型及构造

(一)梁桥桥台

1.重力式桥台

重力式桥台主要靠自重来平衡台后的土压力,通常用石料、片石混凝土或混凝土等圬工材料建造。依据桥梁跨径、桥台高度和地形条件的不同有多种形式，最常用的是U形桥台。U形桥台由台帽、台身和基础组成，因台身由前墙和两个侧墙构成的U字形结构而得名。其优点是构造简单，不需用钢筋，且能就地取材；缺点是桥台体积与自重较大，侧墙间填土容易积水，结冰后冻胀，使侧墙开裂。所以宜用渗水性良好的土壤填筑，并做好台后的排水措施。

2.埋置式桥台

埋置式桥台将台身大部分埋入锥形护坡（溜坡）内，缩短翼墙（耳墙），仅由台帽两侧耳墙与路堤衔接。由于桥台所受的土压力大为减少，桥台体积也相应减少，也增加了桥台的稳定性。但因为台侧护坡伸入桥孔，压缩河道，有时因此要把桥台位置后移而需增加桥长。埋置式桥台适用桥头为浅滩，护坡受冲刷较小，填土高度在10 m以下的中、小跨径的多孔桥梁。

3.桩柱式桥台

桩柱式桥台是当前常用的桥台形式之一。当台后填土高度在5 m以下时，可采用双柱（桩）或多柱（桩）或钢筋混凝土肋墙式桥台，它比实体埋置式桥台能节省更多的圬工，且施工更为简易。当台后填土高度超过10 m时，也可采用钢筋混凝土框架式桥台等。框架式桥台比桩柱式桥台有更大的刚度、比肋板埋置式桥台挖空率更高，更能节约圬工体积。其结构本身有斜杆，能够产生水平分力以平衡土压力，兼之基底宽度较大，又通过系杆连接成一个框架体，所以稳定性很好。缺点是必须用双排桩基，钢筋与水泥用量比桩柱式增多。

4.轻型桥台

圬工薄壁轻型桥台是在两桥台底部（或台与墩）之间，设置若干根支撑梁，使桥跨结构与支撑梁共同支承桥台承受台后土压力，因而台（墩）身的厚度较薄，比实体式桥台节省圬工体积约达50%。因其具有结构简单、不用或少用钢材、施工方便，是小桥桥台常用的形式，适用于13 m以下的小跨径桥梁，且桥跨结构不宜超过三孔，总桥长不宜大于20 m。

钢筋混凝土轻型桥台常用的有扶壁式与箱形桥台，其特点是利用钢筋混凝土结构的抗弯能力来减少圬工体积，使桥台轻型化，可减少圬工体积40%～50%，同时因自重减轻而降低了对地基的压力，适用于地基状况较差的小跨径桥梁。但其用钢量较大，且构造与施工较为复杂。

（二）拱桥桥台

拱桥桥台因承受较大的单向拱推力，过去国内外普遍采用刚性圬工结构实体式桥台（如U形桥台），除尺寸较大、拱座位置较台帽低外，构造上与梁桥桥台基本相同。20世纪60年代，随着国内交通事业的发展，拱桥建造较多，在修建刚度大、自重轻，能适用于各种不同地基的新颖结构拱桥桥台方面取得了较大成果。

1.齿槛式桥台

齿槛式桥台由前墙、撑墙、后墙板和底板组成，其结构特点是：基础底板面积较大，因此地基承载力若较低，仍能支承一定的竖直压力；底板下设置齿槛可增加底板摩阻力和抗滑动的稳定性；后墙板做成斜挡板，利用它背面的原状土和前墙背面的新填土，共同平衡拱的推力；前墙与后墙板之间设撑墙可以提高桥台结构的刚度。齿槛宽度与深度一般不小于0.5 m。这种桥台一般适用于软弱地基和路堤较低的中小跨径拱桥。

2.空腹式桥台

空腹式桥台由前墙、后墙、基础板和撑墙等部分组成，后墙与底板构成L形。前墙承受拱上建筑传来的作用，后墙支承台后的土压力；台座与后墙间设置支撑墙以增加桥台刚度；前墙与后墙之间用间墙（3～4道）相连，平面上构成“目”字形。

支撑墙可作为传力构件，既可对后墙支撑扶壁，又对底板起到加劲作用。这种桥台充分利用台后背土抗力和底板摩阻力来平衡拱的推力，适用于软土地基、河床无冲刷或冲刷轻微、水位变化小的河道上的中等跨径的拱桥。

3.组合式桥台

组合式桥台由台身和后座两部分组成，台身部分（后括基础）承受拱的竖直压力，后座部分则通过后座底板的摩阻力及台后的土侧压力来平衡拱的水平推力。因此，后座基底板高应低于拱脚下缘的高程。台身与后座间应密切贴合并设置沉降分缝，以适应两部分的不均匀沉降。在地基土质较差时，后座基础应加强处理，以防止后座向后倾斜，导致台身与拱圈变位。组合式桥台适用于中等跨径的拱桥。

（三）墩（台）的构造要求

1. 石料及混凝土墩台

第一，实体墩台基础的扩散角（刚性角），对于片石、块石和料石砌体，当用M5砂浆砌筑时，不应大于30°；当用M5以上砂浆砌筑时，不应大于35°；当用混凝土浇筑时，不应大于40°。

第二，修建在非岩石类地基上的带八字形翼墙的桥台、台身与翼墙之间宜设缝分开，在非岩石类的地基上，桥台宜每隔10～15 m设置一道沉降缝。现浇混凝土桥台台身及基础，应根据当地气候及施工条件，每隔5～10 m设置一道伸缩缝。台背应设置排水设施，以保证稳定和安全。对于高度小于20 m的实体墩和U形桥台，可不考虑稳定问题。

第三，对于等跨拱桥实体桥墩的顶宽（单向推力墩除外），混凝土墩可按拱跨的1/15～1/30、石砌墩可按拱跨的1/10～1/25（其比值随跨径的增大而减少）估算；墩身两侧边坡为20∶1～30∶1。台背的回填土长度应为台高的3～4倍，并应在拱圈合龙前完成。台后填土必须分层夯实，其密实度不应小于96%（重型），以减小土体变形对结构物的影响。

第四，实体墩侧坡一般采用20∶1～30∶1，小跨径桥的桥墩也可用直坡。U形桥台的前墙顶面宽度不宜小于0.5 m，其任一水平截面的宽度不宜小于该截面至墙顶高度的0.4倍；侧墙对于片石砌体不小于该截面至墙顶高度的0.4倍；对于块石、料石砌体或混凝土则不小于0.35倍，如桥台内填料为透水性良好的沙性土或沙砾，则上述两项可分别相应减为0.35倍和0.30倍。另外，U形桥台两侧墙宽度之和不小于同一水平截面前墙全长的0.4倍，可按U形整体截面验算截面强度。路基填土与U形桥台侧墙的搭接长度不宜小于0.75 m。

2. 钢筋混凝土墩台

第一，钢筋混凝土肋板式墩台，其板和肋的厚度不宜小于0.2 m。钢筋用量应按计算确定，并满足构造要求；钢筋至外表面的净距不小于30 mm。在墩身表层、桥台的背墙和肋板表层应设置钢筋网，其截面积在水平方向和竖直方向分别不应小于每米250 mm^2（包括受力钢筋），相当于每米设直径8 mm钢筋5根，间距不应大于400 mm。扶壁（肋）与墙板的连接处应设箍筋，以防止前墙自扶壁（肋）裂开，箍筋应按其相应的受力状况确定。对于设有橡胶支座的墩台,应考虑预留更换支座所需的位置与空间。

第二,配有纵向受力钢筋和普通箍筋的轴心受压墩柱(钻孔桩、挖孔桩除外),纵向受力钢筋直径不小于12 mm,钢筋面积应不小于混凝土计算面积的0.5%;当钢筋含量大于3%时,箍筋间距应不大于纵向受力钢筋直径的10倍,且不大于200 mm;被同一箍筋所箍的纵向受力钢筋根数,在构件的每边应不多于3根;箍筋间距应不大于受力钢筋直径的15倍,或构件横截面的较小尺寸,应不大于0.4 m。

第三,配有纵向受力钢筋和螺旋箍筋或焊接环形箍筋时的轴心受压墩柱,墩柱核心截面积应不小于构件整个截面2/3;纵向受力钢筋的截面积,应不小于螺旋或环形箍筋圈内核心面积的1.5%;螺旋或环形箍筋的螺距或间距,应不大于核心直径的1/5,也不得大于80 mm,且不应小于40 mm。间接钢筋的直径不应小于纵向钢筋直径的1/4,且不小于8 mm。

(四)支承垫石

设有支座的钢筋混凝土小跨径梁桥墩台,在支座板下还应加设钢筋网,宽度约与墩台帽同宽,长度约为支座板的两倍。对于大、中跨径桥梁墩台顶帽,则应设置钢筋混凝土支座垫石,其上安放支座,以利于较好地分布支座压力。当墩台上要安置不同高度的支座时,通常由不同高度的支撑垫石来调整高差。支撑垫石的平面尺寸、配筋数量,可根据桥跨结构压力大小、支座底板尺寸大小、混凝土设计强度等确定。一般垫石尺寸较支座底板每边大0.15 ~ 0.2 m。

三、砌筑墩台施工

石砌墩台具有就地取材和经久耐用等优点,在石料丰富地区建造墩台时,在施工期限许可的条件下,为节约水泥,应优先考虑石砌墩台方案。

(一)石料、砂浆与脚手架

石砌墩台是用片石、块石及粗料石以水泥砂浆砌筑的,石料与砂浆的规格要符合有关规定。浆砌片石一般适用于高度小于6 m的墩台身、基础、镶面以及各式墩台身填腹;浆砌粗料石则用于磨耗及冲击严重的分水体及破冰体的镶面工程以及有整齐美观要求的桥墩、台身等。

将石料吊运并安砌到正确位置是砌石工程中比较困难的工序。当质量小或距地面不高时，可用简单的马凳跳板直接运送；当质量较大或距地面较高时，可采用固定式动臂吊机或桅杆式吊机或井式吊机，将材料运到墩台上，然后再分运到安砌地点。用于砌石的脚手架应环绕墩台搭设，用以堆放材料，并支持施工人员砌筑镶面定位行列及勾缝。脚手架一般常用固定式轻型脚手架（适用于6 m以下的墩台）、简易活动脚手架（能用在25 m以下的墩台）以及悬吊式脚手架（用于较高的墩台）。

（二）墩台砌筑施工要点

在砌筑前应按设计图放出实样，挂线砌筑。砌筑基础的第一层砌块时，如基底为土质，只在已砌石块的侧面铺上砂浆即可，不需坐浆；如基底为石质，应将其表面清洗、润湿后，先坐浆再砌石。砌筑斜面墩台时，斜面应逐层放坡，以保证规定的坡度。砌块间用砂浆粘结并保持一定的缝厚，所有砌缝要求砂浆饱满。形状比较复杂的工程，应先做出配料设计图，注明块石尺寸；形状比较简单的，也要根据砌体高度、尺寸、错缝等，先行放样配好料石再砌。

砌筑方法：同一层石料及水平灰缝的厚度要均匀一致，每层按水平砌筑，丁顺相间，砌灰缝互相垂直。砌石顺序为先角石，再镶面，后填腹。填腹石的分层厚度应与镶面相同；圆端、尖端及转角形砌体的砌石顺序，应自顶点开始，按丁顺排列接砌镶面石。

四、现浇墩台施工

现浇混凝土墩台施工有两个工序：一是制作与安装模板；二是混凝土浇筑。

（一）墩台模板

1.模板设计原则

具体原则为：①宜优先使用胶合板和钢模板；②在设计荷载作用下，对模板结构按受力程序分别验算其强度、刚度和稳定性；③模板板面应平整，接缝严密，不漏浆，保证结构物外露表面美观，线条流畅，可设倒角；④结构简单，制作、拆装方便。

模板可采用一般钢材、胶合板、塑料和其他符合设计要求的材料制成。浇筑混凝土之前，模板应涂刷脱模剂，外露面混凝土模板应采用同一种，不得使用废机油等油料，且不得污染钢筋及混凝土的施工缝。重复使用的模板应经常检查、维修。

2. 常见模板类型

(1)拼装式模板

用各种尺寸的标准模板利用销钉连接,并与拉杆、加劲构件等组成墩台所需形状的模板。将墩台表面划分为若干小块,尽量使每部板扇面尺寸相同,以便于周转使用。板扇高度通常与墩台分节灌注高度相同,一般可为3~6 m,宽度为1~2 m,具体视墩台尺寸和起吊条件而定。拼装式模板由于在厂内加工制造,因此板面平整、尺寸准确、体积小、质量轻,拆装容易、快速,运输方便,故应用广泛。

(2)整体吊装模板

整体吊装模板是将墩台模板水平分成若干段,每段模板组成一个整体,在地面拼装后吊装就位。分段高度可视起吊能力而定,一般可为2~4 m。整体吊装模板的优点是:安装时间短,无须设施工接缝,加快了施工进度,提高了施工质量;将拼装模板的高空作业改为平地操作,有利于施工安全;模板刚性较强,可少设拉筋或不设拉筋,节约钢材;可利用模外框架做简易脚手架,无须另搭施工脚手架,结构简单,装拆方便,对建造较高的桥墩较为经济。

(3)组合型钢模板

组合型钢模板是以各种长度、宽度及转角标准构件,用定型的连接件将钢模拼成结构用模板,具有体积小、质量轻、运输方便、装拆简单、接缝紧密等优点,适用于在地面拼装,整体吊装的结构上。

(4)滑动钢模板

滑动钢模板是将模板悬挂在工作平台四周的围圈上,沿所施工的混凝土结构截面的周界组拼装配,并随着混凝土的浇筑由千斤顶带动缓缓向上滑升。一般由工作平台、内外模板、混凝土平台、工作吊篮和提升设备等组成,适用于各种类型的桥墩。各种模板在工程上的应用,可根据墩台高度、墩台形式、机具设备、施工期限等条件,因地制宜,合理选用。

验算模板的刚度时,其变形值不得超过下列数值:结构表面外露的模板,挠度为模板构件跨度的1/400;结构表面隐蔽的模板,挠度为模板构件跨度的1/250;钢模板的面板变形为1.5 mm,钢模板的钢棱、柱箍变形为3 mm。

模板安装前应对模板尺寸进行检查;安装时要坚实牢固,以免振捣混凝土时引起跑模漏浆；安装位置要符合结构设计要求。

（二）混凝土浇筑施工要点

墩台身混凝土施工前，应将基础顶面冲洗干净，凿除表面浮浆，整修连接钢筋。灌注混凝土时，应经常检查模板、钢筋及预埋件的位置和保护层的尺寸，确保位置正确，不发生变形。混凝土施工中，应切实保证混凝土的配合比、水灰比和坍落度等技术性能指标满足规范要求。

1.混凝土的运送

混凝土数量大，浇筑捣固速度快时，可采用混凝土皮带运输机或混凝土输送泵。运输带速度应不大于1～1.2 m/s，其最大倾角：当混凝土坍落度小于40 mm时，向上传送为18°向下传送为12°；当坍落度为40～80 m时，则分别为15°和10°。

2.混凝土浇筑

当浇筑的平面面积过大，不能在前层混凝土初凝或能重塑前浇筑完成次层混凝土时，为保证结构的整体性，宜分块浇筑。分块时应注意：各分块面积不得小于50 m^2；每块高度不宜超过2 m；块与块间的竖向接缝面应与墩台身或基础平截面短边平行，与平截面长边垂直；上下邻层间的竖向接缝应错开位置做成企口，并应按施工接缝处理。混凝土中填放片石时应符合有关规定。

为防止墩台基础第一层混凝土中的水分被基底吸收或基底水分渗入混凝土，对墩台基底处理除应符合天然地基的有关规定外，尚应满足以下要求：①基底为非黏性土或干土时应将其湿润；②如为过湿土，应在基底设计高程下夯填一层10～15 cm厚片石或碎（卵）石层；③基底面为岩石时，应加以润湿，铺一层厚2～3 cm水泥砂浆，然后于水泥砂浆凝结前浇筑第一层混凝土。

混凝土灌筑层的厚度，可根据使用捣固方法按规定数值采用。

墩台身钢筋的绑扎应和混凝土的灌注配合进行。在配置第一层垂直钢筋时，应有不同的长度，同一断面的钢筋接头应符合施工规范的规定，水平钢筋的接头，也应内外、上下互相错开。钢筋保护层的净厚度，应符合设计要求。如无设计要求时，则可取墩台身受力钢筋的净护层不小于30 mm，承台基础受力钢筋的净保护层不小于35 mm。墩台身混凝土宜一次连续灌注，否则应按桥涵施工规范的要求，处理好连接缝。墩台身混凝土未达到终凝前，不得泡水。

墩台是大体积圬工。为避免水化热过高，导致混凝土因内外温差引起裂缝，可采取如下措施：①用改善集料级配、降低水灰比、掺加混合材料与外加剂、掺入片石等方法减少水泥用量；②采用 C_3A、C_3S 含量小、水化热低的水泥，如大坝水泥、矿渣水泥、粉煤灰水泥、低强度水泥等；③减小浇筑层厚度，加快混凝土散热速度；④混凝土用料应避免日光暴晒，以降低初始温度；⑤在混凝土内埋设冷却管通水冷却。

五、装配式墩台施工

装配式墩台适用于山谷架桥或跨越平缓无漂流物的河沟、河滩等的桥梁，特别是在工地干扰多、施工场地狭窄，缺水与沙石供应困难地区，其效果更为显著。装配式墩台的优点是：结形式轻便，建桥速度快，圬工省，预制构件质量有保证等。目前经常采用的有砌块式、柱式和管节式或环圈式墩台等。

（一）砌块式墩台施工

砌块式墩台的施工大体上与石砌墩台相同，只是预制砌块的形式因墩台形式不同有很多变化。例如1975年建成的兰溪大桥，主桥身系采用预制的素混凝土壳块分层砌筑而成。壳块按平面形状分为Ⅱ型和Ⅰ型两大类，再按其砌筑位置和具体尺寸又分为5种型号，每种块件等高，均为35 cm，块件单元重力为0.9～1.2 kN，每砌三层为一段落。该桥采用预制砌块建桥墩，不仅节约混凝土约26%，节省木材50 m^3和大量铁件，而且砌缝整齐，外形美观，更主要是加快了施工速度，避免了洪水对施工的威胁。

（二）柱式墩施工

装配式柱式墩系将桥墩分解成若干轻型部件，在工厂或工地集中预制，再运送到现场装配桥梁，其形式有双柱式、排架式、板凳式和刚架式等。施工工序为预制构件、安装连接与混凝土养护等。其中拼装接头是关键工序，既要牢固、安全，又要结构简单、便于施工。常用的拼装接头有以下几种形式。

1.承插式接头

将预制构件插入相应的预留孔内，插入长度一般为1.2～1.5倍的构件宽度，底部铺设2 cm砂浆，四周以半干硬性混凝土填充，常用于立柱与基础的接头连接。

2.钢筋锚固接头

构件上预留钢筋或型钢，插入另一构件的预留槽内，或将钢筋互相焊接，再灌注半干硬性混凝土，多用于立柱与顶帽处的连接。

3.焊接接头

将预埋在构件中的铁件与另一构件的预埋铁件用电焊连接，外部再用混凝土封闭。这种接头易于调整误差，多用于水平连接杆与立柱的连接。

4.扣环式接头

相互连接的构件按预定位置预埋环式钢筋，安装时柱脚先坐落在承台的柱芯上，上下环式钢筋互相错接，扣环间插入U形短钢筋焊牢，四周再绑扎钢筋一圈，立模浇注外围接头混凝土。要求上下扣环预埋位置正确，施工较为复杂。

5.法兰盘接头

在相互连接的构件两端安装法兰盘，连接时用法兰盘连接，要求法兰盘预埋位置必须与构件垂直。接头处可不用混凝土封闭。

装配式柱式墩台应注意以下几个问题：①墩台柱构件与基础顶面预留环形基座应编号，并检查各个墩、台高度是否符合设计要求；基杯口四周与柱边的空隙不得小于2 cm。②墩台柱吊入基坑内就位时，应在纵横方向测量，使柱身垂直度或倾斜度以及平面位置均符合设计要求；对重大、细长的墩柱，需用风缆或撑木固定，方可摘除吊钩。③在墩台柱顶安装盖梁前，应先检查盖梁口预留槽眼位置是否符合设计要求，否则应先修凿。④柱身与盖梁（顶帽）安装完毕并检查符合要求后，可在基坑空隙与盖梁槽眼处灌注稀砂浆，待其硬化后，撤除楔子、支撑或风缆，再在楔子孔中灌填砂浆。

在基础或承台上安装预制混凝土管节、环圈作墩台的外模时，为使混凝土基础与墩台连结牢固，应由基础或承台中伸出钢筋插入管节、环圈中间的现浇混凝土内，插入钢筋的数量和锚固长度应按设计规定或通过计算决定。管节或环圈的安装、管节或环圈内的钢筋绑扎和混凝土浇筑，应按《公路桥涵施工技术规范》（JTG/T 3650—2020）有关章节的规定执行。

(三)后张法预应力混凝土装配墩施工

装配式预应力钢筋混凝土墩分为基础、实体墩身和装配墩身三大部分。装配墩身由基本构件、隔板、顶板及顶帽四种不同形状的构件组成,用高强钢丝穿入预留的上下贯通的孔道内张拉锚固而成。实体墩身是装配墩身与基础的连接段,其作用是锚固预应力钢筋,调节装配墩身高度及抵御洪水时漂流物的冲击等。

施工工艺流程分成施工准备、构件预制及墩身装配三方面,全过程贯穿着质量检查工作。实体墩身灌注时要按装配构件孔道的相对位置,预留张拉孔道及工作孔。构件装配的水平拼装缝采用M5水泥砂浆,砂浆厚度为15 mm,便于调整构件水平高程,不使误差积累。安装构件要求确保"平、稳、准、实、通"五个关键,即起吊平、构件顶面平、内外壁砂浆接缝要"抹平";起吊、降落、松钩要"稳";构件尺寸"准"、孔道位置"准"、中线"准";预埋配件位置"准";接缝砂浆要"密实";构件孔道要"畅通"。张拉预应力的钢丝束分两种,一种是直径为5 mm的高强度钢丝,用倒锥形锚;另一种用704 mm钢绞线,用JM12—6型锚具,采用一次张拉工艺。张拉位置可以在顶帽上张拉,亦可在实体墩下张拉,一般多在顶帽上张拉。

第八章 常见的桥梁类型施工

第一节 拱桥施工技术

拱桥作为一种古老的桥式，以其跨越能力大、承载能力高、可用地方材料、造价经济、养护维修费用少、造型美观等特有的技术优势而成为建筑历史最悠久、竞争力较强的桥型。其发展大致经历了石拱桥、混凝土拱桥(含钢筋混凝土拱桥，下同)、预应力混凝土拱桥、钢拱桥、钢-混结合拱桥、劲性骨架混凝土拱桥及钢管混凝土拱桥等漫长的过程。

伴随着拱桥的发展，其施工方法也是推陈出新、层出不穷，施工工艺更是不断完善，日臻成熟。拱桥的施工方法上大体可分为有支架施工和无支架施工两大类。以下本书将重点介绍装配式混凝土拱桥和钢管混凝土拱桥的主要施工方法。

一、装配式混凝土拱桥施工

(一)概述

梁桥上部结构的轻型化、装配化，大大加快了梁桥的施工速度。要提高拱桥的竞争能力，拱桥也必须向轻型化和装配化的方向发展。从双曲拱桥及以后发展至桁架拱桥、刚架拱桥、箱形拱桥、桁式组合拱桥、钢管混凝土拱桥，均沿着这一方向发展。混凝土装配式拱桥主要包括肋拱、组合箱形拱、悬砌拱、桁架拱钢管拱、刚构拱和扁壳拱等，也适用于采用预制安装的其他类型的桥梁，如简支T形梁桥、T形刚构的吊装等。

装配式混凝土拱桥施工是在预制场地进行混凝土拱桥各构件的制造，然后在桥位进行装配的施工方法。装配式混凝土拱桥采用的施工方法可以分为少支架和无支架施工两种。

（二）缆索吊装施工

在峡谷或水深流急的河段上，或在通航的河流上需要满足船只的顺利通行，缆索吊装由于具有跨越能力大、水平和垂直运输机动灵活、适应性广、施工比较稳妥方便等优点，使缆索吊装成为拱桥施工中使用最为广泛的方案。

采用缆索吊机吊装拱肋时，为使在起重索的偏角不超过15°的限度内主索减少横向移动次数，可采用两组主索或加高主索塔架高度的方法施工。

在采用缆索吊装的拱桥上，为了充分发挥缆索的作用，拱上建筑也可以采用预制装配施工。缆索吊装对于加快桥梁施工速度、降低桥梁造价等方面起到很大作用。

1.构件的预制

（1）拱肋构件坐标放样

装配式混凝土拱桥，拱肋坐标放样与有支架施工拱肋坐标放样相同。

（2）拱肋立式预制

采用立式浇筑方法预制拱肋，具有起吊方便、节省木材的优点。常用的预制方法有：①土牛拱胎立式预制；②木架立式预制；③条石台座立式预制，条石台座由数个条石支墩、底模支架和底模组成。

（3）拱肋卧式预制

第一，木模卧式预制。预制拱肋数量较多时，宜采用木模。浇筑截面为L形或倒T形时（双曲拱拱肋），拱肋的缺口部分可用黏土砖或其他材料垫砌。

第二，土模卧式预制。在平整好的土地上，根据放样尺寸，挖出与拱肋尺寸大小相同的土槽，然后将土槽壁仔细抹平、拍实，铺上油毛毡或水泥袋，便可浇筑拱肋。

第三，卧式叠浇。采用卧式预制的拱肋混凝土强度达到设计强度的30%以后，在其上安装侧模，浇筑下一片拱肋，如此连续浇筑称为卧式叠浇。

2.拱肋分段与接头

（1）拱肋的分段

拱肋跨径在30 m以内时，可不分段或仅分2段；在30～80 m范围时，可分3段；大于80 m时一般分5段。拱肋分段吊装时，理论上接头宜选择在拱肋自重弯矩最小的位置及其附近，但一般为等分，这样各段重力基本相同，吊装设备较省。

(2)拱肋的接头形式

第一,对接。拱肋分两段吊装时多采用对接形式。对接接头在连接处为全截面通缝,要求接头的连接材料强度高,一般采用螺栓或电焊钢板等。

第二,搭接。分3段吊装的拱肋,因接头处在自重弯矩较小的部位,一般宜采用搭接形式。分5段安装的拱肋,边段与次边段拱肋的接头也可采用搭接形式。搭接接头受力较好,但构造复杂,预制也较困难,需用样板校对、修凿,以保证拱肋安装质量。

第三,现浇接头。用简易排架施工的拱肋,可采用主筋焊接或主筋环状套接的现浇接头。

(3)接头连接方法及要求

用于拱肋接头的连接材料,有型钢电焊、钢板(或型钢)螺栓、电焊拱肋钢筋、环氧树脂水泥胶等。

接头处的混凝土强度应比拱肋混凝土强度等级高一级。对连接钢筋、钢板(或型钢)的截面要求,应按计算确定。

3.拱座

拱肋与墩台的连接,称为拱座。拱座主要有插入式、预埋钢板法、方形肋座、钢铰连接几种形式,其中插入式及方形拱座因其构造简单、钢材用量少、嵌固性能好等优点,采用较为普遍。①

4.拱肋起吊、运输及堆放

(1)拱肋脱模、运输、起吊时间的确定

装配式拱桥构件在脱模、移运、堆放、吊装时,混凝土的强度不应低于设计所要求的吊装强度,若无设计要求,一般不得低于设计强度的75%,为加快施工进度,可掺入适量早强剂。在低温环境下,可用蒸汽养护。

(2)场内起吊

拱肋移运起吊时的吊点位置应按设计图上设计位置进行,如图上无要求应结合拱肋的形状、拱肋截面内的钢筋布置以及吊运、搁置过程中的受力情况综合考虑确定,以保证移运过程中的稳定安全。当采用2点吊时,吊点位置应设在拱柱弯曲平面重心轴之上,一般可设在离拱肋端头0.22 L ~ 0.24 L处(L

①吴月星,龚兴生,周建庭,等. 大跨悬浇钢筋混凝土拱桥施工关键技术[J]. 公路工程,2020(45):73-78+116.

为拱肋长度)。当拱肋较长或曲率较大时,应采用3点吊或4点吊,以保持拱肋受力均匀和稳定。除跨中设1吊点外,其余2吊点可设在离拱肋端头0.2 L处。采用4点吊时,外吊点一般设在离拱肋两端头0.17 L处,内吊点可设在离拱肋两端头0.37 L处。4个吊点应左右对称布置。

大跨径拱桥拱肋构件的脱模起吊一般采用龙门架,小跨径拱桥拱肋及小型构件可采用三角扒杆、马凳、吊车等机具进行。

(3)场内运输(包括纵、横向移动)

场内运输可采用龙门架、胶轮平板挂车、汽车平板车、轨道平车或船只等机具进行。

(4)构件堆放

拱肋堆放时应尽可能卧放,特别是矢跨比小的构件(拱柱、拱块),卧放时应垫3点,垫木位置应在拱肋中央及距两端0.15 L处。3个垫点应同高度。如必须立放时,应搁放在符合拱肋曲度的弧形支架上,如无此种支架,则应垫搁3个支点,其位置在中央及距两端0.2 L处,各支点高度应符合拱肋曲度,以免拱肋折断。

堆放构件的场地应平整夯实,不致积水,当因场地有限而采用堆垛时,应设置垫木。堆放高度按构件强度、地面承载力、垫木强度以及堆放的稳定性而定,一般以2层为宜,不应超过3层。构件应按吊运及安装次序顺序堆放,并留适当通道,防止越堆吊运。

5.吊装程序

根据拱桥的吊装特点,其一般吊装程序为:边段拱肋吊装及悬挂;次边段拱肋吊装及悬挂(对五段吊装);中段拱肋吊装及拱肋合龙;拱上构件的吊装或砌筑安装等。全桥拱肋的安装可按下列原则进行。

第一,单孔桥吊装拱肋顺序常由拱肋合龙的横向稳定方案决定;多孔桥吊装应尽可能在每孔合龙几片拱肋后再推进,一般不少于两片拱肋。对于肋拱桥,在吊装拱肋时应尽早安装横系梁,为加强拱肋的稳定性,需设横向临时连接系,以加快施工进度。但合龙的拱肋片数所产生单向推力应不超过桥墩的承受能力。

第二,对于高墩,应以桥墩的墩顶位移值控制单向推力,位移值应小于$L/600 \sim L/400$。

第三，设有制动墩的桥跨，以制动墩为界分孔吊装，先合龙的拱肋可提前进行拱肋接头、横系梁及拱波等的安装工作。

第四，采用缆索吊装时，为减少主索的横向移动次数，可将每个主索位置下的拱肋全部吊装完毕后再移动主索。一般将起吊拱肋的桥孔安排在最后吊装，必要时该孔最后几段拱肋可在两肋之间用“穿孔”方法起吊。

第五，为减少扣索往返拖拉次数，可按吊装推进方向顺序地进行吊装。缆索吊装施工工序为：在预制场预制拱肋（箱）和拱上结构—将预制拱肋和拱上结构通过平车等运输设备移运至缆索吊装位置—将分段预制的拱肋吊运至安装位置—利用扣索对分段拱肋进行临时固定—吊装合龙段拱肋—对各段拱肋进行轴线调整—主拱圈合龙—拱上结构安装。

6.缆索设备的检查与试吊

缆索吊装设备在使用前必须进行试拉和试吊。

（1）地锚试拉

一般每一类地锚取一个进行试拉。缆风索的土质地锚要求位移小，因此在有条件时宜全部试拉，使其预先完成一部分位移。可利用地锚相互试拉，受拉值一般为设计荷载的1.3～1.5倍。

（2）扣索对拉

扣索是悬挂拱肋的主要设备，因此必须通过试拉来确保其可靠性。可将两岸的扣索连在一起，将收紧索收紧进行对拉，这样可全面检查扣索、扣索收紧索、扣索地锚和动力装置等是否达到了要求。

（3）主索系统试吊

主索系统试吊一般分跑车空载反复运转、静载试吊和吊重运行三个步骤。必须待每一步骤检查、观测工作完成并无异常现象后方可进行下一步骤。试吊重物可以利用钢筋混凝土预制构件、钢轨和钢梁等，一般按设计吊重的60%、100%、130%分几次进行。

试吊后应综合各种观测数据和检查情况，对设备的技术状况进行分析和鉴定，然后提出改进措施，确定能否进行正式吊装。

7.拱肋缆索起吊

拱肋由预制场运到主索下后，一般用起重索直接起吊，当不能直接起吊时，可采用下列方法进行。

（1）翻身

卧式预制拱肋在吊装前，需要“翻身”成立式，常用就地翻身和空中翻身两种方法。

第一，就地翻身。先用枕木垛将平卧拱肋架至一定高度，使其在翻身后两端头不致碰到地面，然后用一根短千斤顶将拱肋吊点与吊钩相连，边起重拱肋边翻身直立。

第二，空中翻身。在拱肋的吊点处用一根串有手链滑车的短千斤，穿过拱肋吊环，将拱肋兜住，挂在主索吊钩上，然后收紧起重索起吊拱肋，当拱肋起吊至一定高度时，缓慢放松手链滑车，使拱肋翻身为立式。

（2）掉头

为方便拱肋预制，边段拱肋有时采用同一方向预制，这样部分拱肋在安装时，掉头方法常因设备不同而异。

第一，在河中起吊时，可利用装载拱肋的船进行掉头。

第二，在平坦场地采用胶轮平车运输时，可将跑车与平车配合起吊将拱肋掉头。

第三，用一个跑车吊钩将拱肋吊离地面约0.5 m，再用人工拉动麻绳使拱肋旋转180°掉头放下，当一个跑车承载力不够时，可在两个跑车下另加一钢扁担起吊，旋转掉头。

（3）吊鱼

当拱肋从塔架下面通过后，在塔架前起吊而塔架前场地不足时，可先用一个跑车吊起一个吊点并向前牵出一段距离后再用另一个跑车吊起第二个吊点。

（4）穿孔

拱肋在桥孔中起吊时，最后几段拱肋常须在该孔已合龙的拱肋之间穿过，俗称穿孔。穿孔前应将穿孔范围内的拱肋横夹木暂时拆除。在拱肋两端另加稳定缆风索，穿孔时应防止碰撞已合龙的拱肋，故主索宜布置在两拱肋中间。

（5）横移起吊

当主索布置在对中拱肋位置、不宜采用穿孔工艺起吊时，可以用横移索帮助拱肋横移起吊。

8.拱肋缆索吊装合龙方式

边段拱肋悬挂固定后，就可以吊运中段拱肋进行合龙。拱肋合龙后，通过接头、拱座的连接处理，使拱肋由铰接状态逐步成为无铰拱，因此，拱肋合龙是拱桥无支架吊装中一项关键工作。拱肋合龙的方式比较多，主要根据拱肋自身的纵向与横向稳定性、跨径大小、分段多少、地形和机具设备条件等不同情况，选用不同的合龙方式。

（1）单基肋合龙

拱肋整根预制吊装或分两段预制吊装的中小跨径拱桥，当拱肋高度大于0.009 L ~ 0.012 L（L为跨径），拱肋底面宽度为肋高的0.6 ~ 1.0倍，且横向稳定系数不小于4时，可以进行单基肋合龙，嵌紧拱脚后，松索成拱。这时其横向稳定性主要依靠拱肋接头附近所设的缆风索来加强，因此缆风索必须十分可靠。

单基肋合龙的最大优点是所需要的扣索设备少，相互干扰也少，因此也可用在扣索设备不足的多孔桥跨中。

（2）悬挂多段拱脚段或次拱脚段拱肋后单基肋合龙

拱肋分三段或五段预制吊装的大、中跨径拱桥，当拱肋高度不小于跨径的1/100且其单肋合龙横向稳定安全系数不小于4时，可采用悬扣边段或次边段拱肋，用木夹板临时连接两拱肋后，单根拱肋合龙，设置稳定缆风索，成为基肋。待第二根拱肋合龙后，立即安装两肋拱顶段及次边段的横夹木，并拉好第二根拱肋的风缆。如横系梁采用预制安装，应将横系梁逐根安上，使两肋及早形成稳定、牢固的基肋。其余拱肋的安装，可依靠与“基肋”的横向连接，达到稳定。

（3）双基肋同时合龙

当拱肋跨径大于等于80 m，或虽小于80 m但单肋合龙横向稳定安全系数小于4时，应采用“双基肋”合龙的方法。即当第一根拱肋合龙并调整轴线，楔紧拱脚及接头缝后，松索压紧接头缝，但不卸掉扣索和起重索，然后将第二根拱肋合龙，并使两根拱肋横向连接固定。拉好缆风索后，再同时松卸两根拱肋的扣索和起重索，这种方法需要两组主索设备。

（4）留索单肋合龙

在采用两组主索设备吊装而扣索和卷扬机设备不足时，可以先用单肋合龙方式吊装一片拱肋合龙。待合龙的拱肋松索成拱后，将第一组主索设备中的牵引索、起重索用卡子固定，抽出卷扬机和扣索移到第二组主索中使用。等第二片拱肋合龙并将两片拱肋用木夹板横向连接、固定后，再松起重索并将扣索移到第一组主索中使用。

9.拱上构件吊装

主拱圈以上的结构部分，均称为拱上构件。拱上构件的砌筑同样应按规定的施工程序对称均衡地进行，以免产生过大的拱圈应力。为了能充分发挥缆索吊装设备的作用，可将拱上构件中的立柱、盖梁、行车道板、腹拱圈等做成预制构件，用缆索吊装施工，以加快施工进度，但因这些构件尺寸小、质量小、数量多，其吊装方法与吊装拱肋有所不同。常用的吊装方法有以下几种。

(1)运入主索下起吊

这种方法适用于主索跨度范围内有起吊场地时的起吊，它是将构件从预制场运到主索下，由跑车直接起吊安装。

第一，墩、台上起吊。预制构件只能运到墩、台两旁，先利用辅助机械设备，如摇头扒杆、履带吊车等，将构件吊到墩、台上，然后由跑车进行起吊安装。

第二，横移起吊。当地形和设备都受到限制时，必须在横移索的辅助下将跑车起吊设备横移到桥跨外侧的构件位置上起吊。这种起吊方式对腹拱圈可以直接起吊安装；对其他构件，则须先吊到墩、台上，然后再起吊安装。

(2)“横扁担”吊装法

由于拱上构件数目多，横向安装范围广，为减少构件横移就位工作，加快施工进度，可采用“横扁担”装置进行吊装。

第一，构造形式。“横扁担”装置可以就地取材，采用圆木或型钢等制作。

第二，主索布置。根据拱上构件的吊装特点，主索一般有以下3种布置形式：①将主索布置在桥的中线位置上，跑车前后布置，并用千斤绳连接。每个跑车的吊点上安装一副“横扁担”。这种布置比较简单，但吊装的稳定性较差，起吊构件须左右对称、质量相等，多用在一组主索的桅杆式塔架的吊装方案中。②将一根主索分开成两组布置，每组主索安置一个跑车，横向并联起来。“横扁担”装置直接挂在两跑车的吊点上。这种吊装方式稳定性好，吊装构件不一定要求均衡对称、灵活性大，但主索布置工作量稍大，且只能安装一副“横扁担”。③在双跨缆索吊装中，将两跑车拆开，每一跨缆索中安装一个，用一根长钢丝绳联系起来(钢丝绳长度相当于两跨中较大一跨的长度)。这种布置，由于两跑车只能平行运行，因此两跨不能同时吊装构件。

(3)吊装

用“横扁担”吊装时，应根据构件的不同形状和大小，采取不同的吊装方法。对于短立柱，可直接直立吊运。对于长立柱，因受到吊装高度的限制，常需先进行卧式吊运，待运到安装位置后，再竖立起来，放至立柱的下端进行安装。对于盖梁，一般可直接采用卧式吊运和安装的方法。对腹拱圈、行车道板的吊装，为减小立柱所承受的单向推力，应在横桥方向上分组，沿桥跨方向逐次安装。

二、钢管混凝土拱桥施工

钢管混凝土拱桥是以钢管为拱圈外壁，在钢管内浇筑混凝土，使其形成由钢管和混凝土组成的拱圈结构。由于管壁内填满混凝土，提高了钢管壁受压的稳定性，且钢管内的混凝土受钢管的约束，提高了混凝土的抗压强度和延性。在施工上，由于钢管的质量小，刚度大，吊装方便，钢管的较大刚度可以作为拱圈施工的劲性骨架，钢管本身就是模板，这些优点给大跨度拱桥施工创造了十分有利的条件。由于有上述这些优点，使钢管混凝土拱桥在全国各地很快得到推广应用。

(一)钢管混凝土拱桥的基本构造

目前国内修建的钢管混凝土拱桥，主要有如下类型。

第一，从行车位置分，有上承式、中承式及下承式拱桥。由于拱桥适宜于在山区修建，因而采用上承式及中承式较多；近年来，由于拱桥有着彩虹般优美的外观，诸多城市争相采用，故下承式拱桥的数量已占到一定分量。

第二，从受力结构形式(即力学模式)分，有三铰拱、两铰拱及无铰拱桥。由于钢管混凝土拱桥跨度较大，因此大多采用超静定的无铰拱结构。

第三，从拱脚是否产生推力来分，有无推力拱和推力拱之分。推力拱一般将拱座建造于山区地带的山体坚硬岩石上。无推力拱则主要为下承式拱，水平推力由两拱脚间的系杆来承担，故又称系杆拱。系杆拱又有刚架系杆拱与拱梁组合体系之分。

第四，从用途上来分，有铁路拱桥、公路拱桥及人行拱桥等。钢管混凝土拱桥大多有两条拱肋，拱肋间采用横撑连成整体，形成拱圈。两条拱肋相互间采用平行、内倾和外倾设置其中,平行设置较多,内倾(即所谓提篮式拱)和外倾(即为展翅拱,又称蝶形拱)较少采用。拱肋轴线多采用悬链线,也有采用抛物线和圆曲线的,但较少见。

钢管混凝土拱桥拱肋截面根据跨度大小、受力要求,主要采用有双管哑铃形及多管桁架形等几种形式。

拱脚常采用铰座、预埋钢套管和半圆形钢管槽等形式,目的在于拱肋桁架吊装时,拱肋可以沿拱脚作小幅度转动以调整拱轴安装线形,合龙后,均须外包封拱脚混凝土。拱肋常常沿拱轴线分成若干段,以便于制造、运输及吊装,拱肋接头有对接法兰加外包钢板、内接法兰加外包钢板坡口对焊等连接形式。法兰连接多采用高强螺栓,外包钢板在拱肋合龙后焊接。合龙段为顶部一段拱肋节段,但也有采用仅在拱顶设一个合龙口(连接头)的形式。拱肋桁架大多只在弦杆钢管及缀板内填充混凝土,腹杆钢管多为空铜管,横向联结系即剪刀撑一般为型钢,也有用空心钢管的。填充混凝土采用泵送顶升法,混凝土强度等级一般为C50或C60。

(二)钢管混凝土拱桥施工方法

钢管混凝土拱桥施工的重点与难点在于钢管拱肋节段的制造、吊装及填充混凝土泵车。本处施工方法主要指钢管拱肋节段吊装。目前国内桥梁上,钢管拱肋节段吊装的方法较多,归纳起来有如下几种。

1.支架法

即在桥位处直接搭设支架,在支架上拼装与焊连拱肋节段,合龙后将支架拆除。该方法施工较为简便,但需要有较空旷的场地,地基地质条件好,承载力较高,适用于矢高不大的拱桥,不适宜于大跨拱桥。

2.缆索吊机斜拉扣挂悬臂拼装法

此法利用缆索吊机吊起拱肋节段,两岸对称,逐节段从拱脚向拱顶方向悬臂拼装或焊连,每拼接或焊连一节段,须挂设一组扣索和锚索,将已拼装好的悬臂拱拉住,最后在拱顶合龙。该方法适用范围广,较为常用。

3.转体施工法

它是在岸边利用支架顺桥向或横桥向预先拼装好两个半拱,并利用斜拉索将半拱拽拉好,按规定要求作一定的转动,使两半拱在跨中合龙。转体有平转和竖转两种,平转又分有平衡重和无平衡重转体两种。转体施工要求两半拱拼装焊连方便,是较为常用的方法之一。

4.整体大节段吊装法

它是在岸边码头上将拱肋拼装好形成整体拱圈,而后用大型船舶浮运到桥位处,利用大型浮吊或拼装式吊机整体一次性将拱圈吊起安装就位。该方法需具备拼装码头和航运条件及大型起吊设备。

5.拱上爬行吊机

它是悬臂拼装法的一种,类似于钢桁梁悬臂拼装,对于跨度较大的拱桥,因悬臂较大,尚需借助于吊索塔架或扣、锚索等辅助结构。该方法需通过河流从水上输送钢拱肋,故较少采用。

(三)施工注意事项

第一,合龙前对拱肋进行全面的线形位置测量及调整,并尽可能选择温度变化幅度较小的时间段合龙。合龙后对拱肋线形及位置实施精测,调整合格后固定合龙装置,进行各扣段连接缝焊接工作,完成拱肋的正式合龙。

第二,焊接宜采用小电流、多道焊的方法,以提高焊接接头的韧性。

第三,过量气孔、夹渣、未熔合、裂纹等缺陷,采用碳弧气刨和砂轮打磨的方法清除不合格焊缝,然后补焊。

第四,顶升混凝土时,每个灌注孔备用一台输送泵,防止泵车中途出现故障,避免管内混凝土凝固。

第五,灌注前用水或蒸汽湿润管壁。

第六,输送过程中的泵压宜控制在小于3.5 MPa范围内,不宜大于4 MPa,以免顶裂管壁。

第七,在混凝土灌注前、灌注过程中、灌注后对拱柱关键点进行高程测量和横向位移观测。

第八,混凝土灌注24 h后,对拱肋浇水降温养护。

第二节 斜拉桥施工技术

斜拉桥亦称斜张桥、斜缆桥或牵索桥等,它是以通过或固定于桥塔(索塔)并锚固于桥面系的斜向拉索作为上部结构主要承重构件的一种新结构。它不仅用高强度缆索代替桥墩,又使桥面处于预应力工作状态,因而是一种理想的适应大跨径桥梁和更有效地利用结构材料的新桥型。斜拉桥由塔、梁索三部分构成,用高强钢材制成的斜缆索将主梁多点吊起,并将主梁的荷载和车辆荷载传至塔柱,再通过塔柱基础传至地基。

一、索塔施工

索塔施工有现场浇筑法和预制后运到塔位处拼装两种方法。索塔可为钢结构或工形、箱形钢筋混凝土结构。

(一)钢筋混凝土索塔施工

1. 钢筋混凝土索塔施工方法

钢筋混凝土索塔的施工,可以采用搭架现浇、预制吊装、滑模、爬模浇筑等多种方法,它们各有其特点和适用范围。

第一,搭架现浇。此施工方法工艺成熟,简便易行,无需专用的施工设备,能适应较复杂的断面形式,对锚固区的预留孔道和预埋件的处理也较方便,但缺点是费工、费料、速度慢。此法适用于索塔高度较小的斜拉桥施工。

第二,预制吊装。该法可将节段预制与基础施工同时进行,因而,可加快施工进度。但该法要求有起重能力较大的专用起重设备,如果索塔的高度较高、断面较大,则很难采用预制吊装法施工。

第三,爬模施工。本法的最大优点是施工进度快,适用于较高的直立塔及倾斜塔的施工。但对拉索的锚固区预留孔道和预埋件的处理要困难些,并需要有专用的设备(如提升式千斤顶、顶杆等)。为了方便爬模施工,设计上应采取必要的措施。

2. 索塔的搭设

塔墩固接的索塔,施工脚手架宜在墩上搭设;塔梁固接的索塔,施工脚手架宜在梁上搭设。

3. 斜拉索锚固管的定位

拉索的锚固管全部集中在索塔上部的锚固区,其位置的准确性直接影响到斜拉桥的工程质量,因此锚固管的精密定位是索塔施工的重点,是控制索塔施工的关键,锚固管定位要求平面及高程误差不得大于5 mm。为了保证索塔及锚固管位置的准确，现在的钢筋混凝土索塔设计中都布设有刚性骨架。刚性骨架由型钢制作，其安装精度易于保证，锚固管等可以比较容易地精确固定在刚性骨架上，而且在混凝土灌筑过程中也不易发生移动。另外，刚性骨架还可用来悬挂固定模板，甚至可临时安装吊装用的起吊设备等。

4.索塔施工变形观测

变形观测是指导施工及相应测量工作的依据。索塔施工中因受大气温度及日照的影响，塔柱将会发生扭转。这样，在不同时刻进行的观测，就会有不同的结果，这就需要研究掌握索塔在自然条件下的变化规律。另外，在主梁施工过程中，为掌握索塔在索力影响下偏离平衡位置的程度，也需要进行索塔施工的变形观测。钢筋混凝土索塔大都采用高等级混凝土泵送法施工。因而，对混凝土的早强和可泵性有一定的要求，需对混凝土的用料、级配及其外加剂严格把关，要严格按混凝土施工的有关规定进行。

（二）钢索塔的安装

钢索塔需用铆接、螺栓连接或焊接等连接形式进行装配，通常为型钢组成的桁架或框架。其操作应遵循一般钢结构的拼装要求，特别应注意尺寸的准确性，并使结构单元简化，减少拼装时的吊装次数。

（三）索塔施工的精度要求

索塔断面尺寸一般都较小，而且轴向压力非常大，故施工中对索塔的尺寸和轴线位置的准确性应有一定的要求。

二、梁体施工

斜拉桥的主梁制作与安装几乎可采用任何一种梁桥的施工方法，例如缆索法、支架法、顶推法、悬臂法、平转法等。由于斜拉桥梁体尺寸较小，各节段间有拉索，索塔还可以用来架设辅助钢索，因此采用各种无支架施工方法更为有利。采用何种施工方法，要根据桥梁的构造特点、施工技术设备、现场条件等因素确定。由于设计与施工方法密切相关，所以设计单位在设计时就应确定桥梁的主要施工方法。下面介绍几种常用的施工方法。

（一）梁体截面形式

主梁的截面为箱形、工字形或箱形与工字形并用，此三者占绝大多数，也有少数斜拉桥的主梁用空心板梁或桁架。箱梁的特点是抗扭刚度大,横向刚度也较大,能适用于跨度大、桥面宽的斜拉桥,可通过设置横梁或横撑,使斜拉桥的斜缆索的拉力传递到主梁上,这样一面或两面锚固缆索均可;工字梁的特点是横向刚度小,但通过设置横隔板可提高刚度,工字梁比较轻,从短跨到长大跨均能适用;箱梁和工字梁均能工厂化生产,用预制构件施工能够进行悬臂拼装并可现场浇筑悬臂,有利于施工。①

(二)梁塔连接方式

梁塔墩的连接形式有3种:全固接、塔墩固接及梁塔固接。

第一,全固接。桥塔、主梁、桥墩三者均固接。其优点是不需设置支座,缺点是固接点附近的主梁应力大,梁需变高。

第二,塔墩固接。桥塔和桥墩固接,而主梁悬浮,即主梁不与桥墩和桥塔连接或铰接。其优点是主梁可采用较小的支座,普遍不设固定支承;缺点是梁的抗风性能和横向刚度有所降低。

第三,梁塔固接。是指主梁和桥塔固接,而与桥墩之间为铰接或滑动支座连接。

(三)梁体施工方法

1.缆索法

缆索法是用缆索系统架设桥梁的方法。缆索装置又叫施工索道或缆索起重机,用此种方法架设斜拉桥,可用索塔代替施工索道中的塔柱,物尽其用。在这种施工方法中,索塔既是桥梁结构的重要组成部分,又是施工设施的主要组成部分。

2.支架法

支架法是在支架或临时墩上修建斜拉桥主梁最简单方便的方法。但这种方法只有当桥不高,临时支架不影响桥下交通时才有可能采用。因此,一般多用于在河滩地段施工边跨,中跨则采用其他施工方法。采用此法施工能保证桥梁设计要求的几何形状、尺寸、坡度,并且施工费用较低。

3.顶推法

顶推法施工与连续梁所用的顶推法大致相同,当然,要增加索塔与拉索

①王成,宁宏翔.矮塔斜拉桥施工技术[M].成都:西南交通大学出版社,2018.

的制作、安装工作。在钢斜拉桥的施工中，有将完成的整座结构（指索塔与梁固接的形式）一起顶推的成功经验，特别是将主梁节段用滚轴顶推已有许多实例。

4.悬臂法

悬臂法是架设大跨径斜拉桥主梁最常用的方法，它可分为整孔浇筑（或拼装）和分段浇筑（或摊装）两种工艺，常需用临时支架等辅助设施架梁或浇筑混凝土。

第一，悬臂拼装施工程序：①浇筑塔墩，同时预制节段；②将预制节段运来吊装就位；③安装拉索；④张拉并设置预拱度；⑤待前进几段后对拉索进行一次微调；⑥全桥拼好后再对拉索做最后调整。

第二，悬臂浇筑施工程序：①拼装悬臂托架，浇筑主梁起始梁段；②拼装悬臂挂篮，对称悬浇梁段，张拉纵向预应力筋并灌筑砂浆；③挂篮前移，并浇下一梁段；④遇有拉索的梁段，安装拉索并张拉索力；⑤跨中合龙段的浇筑；⑥拉索索力的调整。

斜拉桥主梁悬臂施工进度主要受单元长度的影响，单元长度大，能加快施工进度，但将增加挂篮所受荷载。

5.平转法

平转法与拱桥中采用的平转法相似，即将上部结构分为两半，在沿河岸顺河流方向的矮支架上制作，然后以桥墩为圆心旋转到桥位合龙，此法修建的斜拉桥跨径不大，其施工工序如下：①建造主墩与上下转盘并试转；②在岸上浇筑或拼装全桥的主梁；③浇筑索塔；④安装拉索，张拉并调高程与拉力；⑤平转就位；⑥校核高程，必要时再做最后调整；⑦封填转盘。

6.混合法

混合法是指将斜拉桥主梁分为三部分（两块边纵梁和一块行车道板）预制或现浇，纵梁可预制，行车道板可现浇或预制。施工时，利用吊机先安放两侧边纵梁并拉拉索，然后再浇筑或拼装主梁中间的行车道板。

三、拉索施工

斜拉索系指由高强钢丝为材料的斜缆索，其类型为平行钢丝束绞制工艺和热挤聚乙烯护套等工艺制成的钢绞线（索），前者多为工地现场制作，后者则为工厂制作,具有较高的内在质量和防腐能力,有条件时宜优先考虑采用。

(一)拉索制作

1.平行钢丝束的制作

(1)调直与防锈

未经镀锌的高强钢丝应堆放于室内,并防止潮湿锈蚀。使用前须注意调直,用调直机进行调直和除锈。经调直的钢丝其弯曲矢高≤5 mm/m,表面不能有烧伤发蓝的痕迹,调直后的钢丝表面应均匀涂抹防锈油脂。

(2)钢丝排列夹紧定位

在编索平台上按锚板孔的位置将钢丝分层排列,并注意标准丝安排在最外层,不可错位;然后用梳板将钢丝梳理顺直;再用特别的夹具,将梳理顺直的钢索夹紧定位,夹具间距一般可为2 m。夹紧的钢索断面应符合设计形状,且能保证钢丝之间相互密贴,无松动现象。

(3)内防腐处理

在夹紧定位后的钢丝索上需进行内防腐处理,一般可采用涂刷橡胶沥青防水涂料和包以玻璃纤维的做法。要求涂料涂刷均匀,无空白漏涂现象;玻璃纤维布的包裹应紧密重叠。

(4)平行束的外防护

平行钢丝索的外防护有多种处理方法,一般宜采用聚乙烯管作护套,安装后再在护套内压注特种水泥砂浆。因此,护套需能承受一定的内压并具有一定的防老化的能力。可根据设计所要求的直径与管壁厚度,由专业工厂制作,其分节长度可视工地现场及运输条件确定。

(5)护套安装

平行钢丝索的外防护完成后,即可套入聚乙烯套管,要求将每节聚乙烯捋顺,并保持其接缝平整严密。

(6)堆放要求

平行索应保持顺直、平放、支点间距一般不应大于4 m。堆放场地要求干燥阴凉;堆放工地现场需有保护措施,以防碰撞、破损缆索表面。

2.钢绞线索的制作

(1)绞制要求

钢丝应按设计断面进行排列定位,不能错位。钢索绞制的角度须严格控制在2°~4°以内,钢索绞制成型后立即绕上高强复合带2~4层,要求缠绕紧密,经缠绕后的钢束断面形状应正确,且钢丝紧密无松动现象。

(2)热挤护套要求

热挤护套可采用低密度聚乙烯或高密度聚乙烯材料,根据设计决定的材料性能选用。聚乙烯材料中应掺有一定比例的炭黑,以提高抗老化能力;聚乙烯护套应紧裹在钢丝索外。在正常生产、运输、吊装过程中,不应脱壳。护套外观应光滑圆整,厚度偏差不大于1 mm。

(3)绳缆长度要求

挤好护套后的缆索长度应大于成品索的设计长度,换算成标准温度在无应力状态下的长度,经精确丈量,复核无误后将两端切齐,要求端面与缆索垂直,不能歪斜。

(4)防锈、防伤

绞制钢索所用高强钢丝为未镀锌时,应用除锈、防锈油等做临时防腐措施;当采用镀锌钢丝时,亦须注意在放丝绞制过程中防止擦伤镀锌表层。

(二)拉索与塔、梁的连接

1.索与塔的连接

索与塔的连接有辐射集中于一点和均匀布设在塔上两种连接方法。索在塔上的支撑方式有连续式和固定式两种。

索鞍是连接索与塔的结构,近年来国内混凝土斜拉桥中较多采用的索鞍形式是固定在塔上的。在这里,索鞍已不再呈“鞍”的形状了,之所以这样称呼,是沿用传统的索鞍名称。这种索鞍之所以能得到广泛应用,主要是因为国内的斜拉桥大都采用高强钢丝作为拉索材料,并使用了镦头锚具或冷铸锚具的缘故。

2.索与梁的连接

在斜拉桥中,索与梁的连接通常有三种形式,即:一是,索通过主梁顶板锚固;二是,索锚固在肋板里;三是,设置铰座来锚固。

此外,在早期的斜拉桥中也常采用锚固横梁来锚固钢索,但是,由于锚固横梁的体积庞大,需耗用大量的钢筋和混凝土,同时其施工也很复杂,近年来已很少采用这种方式。

（三）拉索施工

1.索的运输

索在制索场制成后，暂时堆放在制索场并在安装前运到桥上。对于小直径的短索来说，其困难不大，但对于直径较大且已制作了刚性索套的长索来说，其运输非常困难。这不仅是由于大直径的索比较重，更重要的是带有索套的索不允许有过小的弯曲半径，否则很容易导致索套开裂破坏。

在专门制索厂制作的拉索需经长途运输时，斜拉索可以盘绕成盘后用汽车或火车运送，盘绕外径不得小于索径的250倍，索的表面应用麻条或纤维布两层缠包，以保护锚头不生锈。

2.拉索的安装

拉索安装是指拉索吊运就位后，将其两端锚头安装到索塔和梁的预留孔道位置上。由于拉索的无应力长度小于其理论长度（即索内有应力时其两端支撑面间的距离），又由于索的自重影响，往往在其一端的锚具装上后，其另一端的锚具还留在孔道内或还未能进入预留孔道，因此需要采取一定的措施，同时，还要使索的防护层不受损伤。

（1）单吊点法

拉索运上桥面后，利用索塔上的滑车组和从索塔孔道内伸下的吊绳，连接拉索的上端，将拉索起吊并穿入索塔管道内，引出孔口安装上端锚具。

此法简便，安装迅速，但应注意避免索的弯折和缠包索套的破损。单吊点法仅适用于缠包玻璃布套的柔软拉索。

（2）多吊点法

从索塔上部，安装一斜向的天线，在天线上按规定距离拴上滑轮组，组成多吊点，用人工拉滑轮组绳索，配合吊绳均匀起吊拉索，穿入孔道后，两端安装锚具固定拉索。此法吊点分散，受力较小，但操作需统一指挥，以均匀起吊。

（3）导索法

在安装拉索的上方设置斜向天线（导索），拉索运到导索下端，从索塔管道内伸下牵引绳，拴在拉索的一端，在导索上装上第一个滑环，牵引拉索沿导索上升，并按一定距离装挂滑环，引拉索沿导索上升，随升随挂，直到拉索上升穿入索塔孔道，安装锚具固定。此法对成卷的拉索施工尤为简便，但对于编制成索并缠包玻璃丝布套的拉索施工稍有难度。

(4)起重机安装

按拉索长度在桥上设一台或两台起重机,用特制的长扁担捆拉索起吊。拉索上端由索塔孔道内伸出的拉绳引入索塔孔道,下端穿入主梁孔道,装锚具固定。

拉索锚具的安装,通常都是先安装固定好下端主梁的锚具,然后设法装妥索塔上的上端锚具。上端锚具的安装以往常用的办法是用倒链或绞车紧拉拉索,使锚具穿过预留孔道。现在则较常利用张拉千斤顶直接拉紧拉索的办法,此法还分为软牵引和硬牵引两种方法。拉索安装应注意拉索不能与孔道壁接触,以防振动磨损,锚头可在允许移动的间隙内调整位置,该调整的偏移量需在安装前测定,并在锚下垫板上标明锚头位置,使锚头可对线安装。

3.斜拉索张拉

斜拉索应按设计吨位张拉,其延伸值可以作为校核拉力的参考。斜拉索在下列情况下应同步张拉:第一,索塔和梁体两侧对称位置上的拉索;第二,中孔无挂梁的连续梁,两端索塔和梁体两侧对称位置上的拉索。

同步张拉是为了避免索塔向一侧偏歪,导致索塔根部出现裂纹;以及为了避免梁体左右侧扭转,导致梁体两侧出现裂纹。考虑到索塔和梁体都有一定的抗弯、抗扭刚度,除设计另有规定外,同步张拉的拉索,允许有10%以内的施工误差。

索塔两侧拉索不对称或两侧索力不一致的拉索,应按设计规定的分阶段拉力,同步张拉。

斜拉索的张拉工作,由于索位、索长、环境、张拉设备和操作等因素,施工误差较大,故在一组拉索张拉完成后,须用振动频率计测试各拉索的张拉力,每组及每索的拉力误差均不得超过设计规定值,如误差大于设计规定值时,必须予以调整(放松或拉紧)。

4.索力测定与调整

(1)索力测定

索的初张力大小,关系着全桥的受力状态是否合理。从长远来看,营运状况下的索力是否正常,也反映着结构的工作状态是否正常。因此,如何准确地量测索力,一直是设计、施工和科研部门研究的课题。

随着斜拉桥在国内逐步推广,索力的测定方法及仪器也逐步完善起来。目前,除了用油压表读数来控制张拉力的大小外,还可采用应变片电测法和钢索测力仪来检测索力。几种方法相互校核,使得索力的测量精度有了很大提高。

第一,油压表法。索的张拉力是在施工张拉时通过油泵上的压力表来直接读取的,张拉力的精度依赖于油压表的精度和千斤顶系统的完好程度。此法精度不高,且在桥梁结构运营阶段的索力很难用千斤顶及油压表测量。

第二,电测法。这是应用电阻应变测量原理,通过贴有电阻应变片的张拉连杆或筒式压力传感器,将索力的大小转变为电信号,并由电阻应变仪或电子秤显示出来的方法。此法精度较高,便于集中检测,可以长期观测。

第三,钢索测力仪法。这是近年新发展起来的一种索力测定方法,它是利用仪器测出拉索的自振频率,从而推算出拉索拉力的方法。

(2)索力调整

这里所说的索力调整是指在全桥完工后,开放交通前对全桥的索力进行统测和根据测量结果所进行的调整工作,是斜拉桥施工中不可忽视的一项工作。

调整拉索的目的是消除多种因素对桥梁引起初始应力应变的影响。这些影响在设计中难以预测,在施工中不可避免(如徐变、收缩、松弛、误差、温度等),只有待桥体结构完工后,通过调整拉索来解决。

在进行全桥索力测试与调整时,当调整幅度不大,难以用千斤顶油压表的读数来控制索力时,可以利用拧转锚环或增减锚下垫板的厚度来进行调整。

调整拉索的原则如下:①用桥面高程控制索力;②精确测定索力大小;③合理预计调整索长与索力的量值;④操作以简便为宜,次数越少越好。

因此,全桥索力统测要在以下条件进行:①封锁交通,清除桥面大型施工设备,使结构处于空载条件;②尽量选择无风或微风天气,以排除风荷载的影响;③在清晨进行索力测量,因为这时的拉索与梁体温差较小,梁内经过夜的热传导,温度梯度较小,塔架由于没有日照影响,温度也较均匀;④如果可能的话,统测时的气温最好选择为当地的年平均气温;⑤统测应在较短时间内快速完成,以免测试条件发生变化。

根据对已建成的斜拉桥计算成果的分析可知，在这样的条件下测得的索力可作为判断是否需要进行索力调整的依据。

第三节 悬索桥施工技术

悬索桥也称吊桥，主要用悬挂在两边塔架上的强大缆索作为主要承重结构。在竖向荷载作用下，通过吊杆使缆索承受很大的拉力，在两岸桥台的后方修筑非常巨大的锚碇结构。悬索桥的钢缆易于运输，结构的组成构件较轻，便于无支架悬吊拼装。对于山岭地区和遭受山洪泥石冲击等威胁的山区河流以及大跨径桥梁，在修建其他桥梁有困难的情况下，往往采用悬索桥。

一、悬索桥概述

（一）悬索桥的受力特点

悬索桥的主要受力构件是锚碇、索塔、缆索系统以及加劲梁等。成桥后作用在桥面上的竖向荷载一部分由加劲梁承担，一部分通过吊索传递给主缆。主缆在塔顶由主索鞍提供支撑，并通过主索鞍将荷载传递给索塔，索塔传递给基础。主缆在两端的强大拉力通过锚碇来平衡，并通过锚碇将拉力传递给地基。

悬索桥属于柔性桥梁结构体系，刚度小、变形大，具有较强的非线性受力特征。从构件受力的重要性出发，可将悬索桥的各部件分为第一体系、第二体系、第三体系。

主缆是第一体系的主要承重构件，承担由吊杆传递过来的桥面荷载及恒载，以受拉为主。主缆通过塔顶鞍座悬挂在索塔上，两端锚固于锚体上。主缆是柔性构件，但主缆的荷载拉力提供了强大的重力刚度，使其成桥后的桥梁总体刚度满足桥梁规范的要求。

索塔是第一体系的主要承重构件，主要起支撑主缆的作用。悬索桥的恒载和荷载均通过索塔传递给基础。锚碇是主缆的锚固体，属于第一体系的承重结构，它将主缆的拉力传递给地基，通常有重力式锚碇和隧道式锚碇。重力式锚碇依靠巨大的自重来抵抗主缆的竖向分力，水平分力由锚体与地基的摩阻力抵抗。隧道式锚碇是将主缆拉力直接传递给围岩。

悬索桥的加劲梁属于第二体系的承重构件,以受弯为主。其主要功能是提供桥面和防止桥梁发生过大的挠曲变形和扭转变形。加劲梁直接承受桥面荷载。

吊索属于第三体系的构件,主要作为传力结构,主要受拉。其主要功能是将桥面上的荷载以及恒载,通过索夹传递到主缆上。吊索的上端通过索夹与主缆相连,下端与加劲梁相连。

(二)悬索桥的分类

1.按悬吊跨数划分

根据悬吊跨数不同,悬索桥可分为单跨悬索桥、三跨悬索桥、四跨悬索桥和五跨悬索桥,其中单跨悬索桥和三跨悬索桥最为常用。

(1)单跨悬索桥

单跨悬索桥常用于高山峡谷地区,两岸地势较高而采用桥墩支撑边跨更为经济,或者道路的接线受到限制,使得平面曲线布置不得不进入大桥边跨的情况。就结构特性而言,单跨悬索桥由于边跨主缆的垂度较小,主缆长度相对较短,对中跨荷载变形控制更为有利。

(2)三跨悬索桥

三跨悬索桥是目前国际工程实例中应用最多的桥型,世界上大跨度悬索桥几乎全采用这种形式。不仅是因其结构受力特征较为合理,同时,也因其流畅对称的建筑造型更符合人们的审美观。

(3)多跨悬索桥

相对于三跨悬索桥而言,四跨和五跨悬索桥又称为多跨悬索桥,这种桥型由于结构柔性大,固有振动频率较低,难以满足特大跨度悬索桥的实力及刚度需要,因而也就不具备实用优势,世界上几乎没有这类特大桥工程的实例。

在建桥条件需要采用连续大跨布置时,可以用两个三跨悬索桥联袂布置,中间共用一座桥的锚碇锚固这两桥的主缆。当建桥条件特别适于作连续大跨布置而采用四跨悬索桥时,其中央主塔为满足全桥刚度要求通常需要做A形布置,相应的塔顶主缆须采取特殊锚固措施,以克服两侧较大的不平衡水平拉力。[①]

2.按主缆的锚固方式划分

根据主缆的锚固方式的不同，悬索桥可分为地锚式悬索桥和自锚式悬索桥。

(1)地锚式悬索桥

通常所讲的绝大多数悬索桥都采用地锚式锚固主缆，即主缆通过重力式锚碇或岩隧式锚碇将荷载产生的拉力传至大地来达到全桥的受力平衡，这是大跨度悬索桥最佳的受力模式。

(2)自锚式悬索桥

在较小跨度的悬索桥中，也有个别以自锚形式锚固主缆的，这种自锚式悬索桥的主缆，在边跨两端将主缆直接锚固于加劲梁上，主缆的水平拉力由加劲梁提供轴压力自相平衡，不需要另外设置锚碇。这种桥式的加劲梁要先于主缆安装施工，实践中因施工困难、经济性差等原因，一般很少采用。

3.按悬吊方式划分

采用竖直吊索并以钢桁架作加劲梁；采用三角布置的斜吊索，并以扁平流线型钢箱作加劲梁，也有呈交叉型布置的斜吊桥；混合式，即采用竖直吊索、斜吊索和流线型钢箱梁作加劲梁。除了有一般悬索桥的缆索体系外，还设有若干加强的斜拉索。

4.按支承结构划分

如果按加劲梁的支承结构来分，又可分为单跨两铰加劲梁悬索桥、三跨两铰加劲梁悬索桥及三跨连续加劲梁悬索桥等。

二、悬索桥施工

(一)塔柱施工工艺

钢塔柱一般用钢板先预制连接成格子形截面的节段，节段在现场吊装拼接成塔柱。早期的钢塔柱无论节段内还是节段间的连接均采用铆接，构建加工精度要求高。随着栓焊技术的发展，钢塔节段在工厂焊接制造，然后将节段运输到工地架设并用高强螺杆来连接。

钢塔柱一般支撑在一块厚钢板上，厚钢板与桥墩混凝土拴接并把塔柱压

①冯明硕，薛辉，赵杰. 公路桥梁工程施工技术[M]. 延吉：延边大学出版社，2017.

力均匀传递到桥墩中去。现在也有在桥墩混凝土中埋设锚固构架,塔柱用高强螺栓锚固在构架上,通过构架将压力均匀传递到混凝土中去的做法。

混凝土塔柱的施工与斜拉桥塔柱施工相同,一般以就地浇筑为主,采用滑模、爬模等技术连续浇筑。

(二)锚碇施工

悬索桥主缆索股锚固形式分为自锚式和地锚式。自锚式是将主缆索股直接锚于加劲梁上,无须使用锚碇结构,一般仅适用于中小跨径悬索桥。地锚式则将主缆索股锚于重力式锚碇、隧道锚碇或直接锚于坚固的岩体上。此处所讨论的锚碇是指地锚式悬索桥锚固主缆的重要结构物。

锚碇是锚块基础、锚块、钢缆的锚碇架及固定装置等的总称。它不仅抵抗来自主缆的竖直反力,而且抵抗主缆的水平力,是悬索桥区别于其他桥梁的独有结构,直接关系到悬索系统的稳定。锚块是直接锚固主缆的结构,它通过锚固系统将主缆索股拉力分散开。锚块与其下面的锚块基础连成一体,用于抵抗因主缆拉力产生的锚碇滑动及倾倒。锚碇主要有重力式锚碇、隧道式锚碇等。目前,世界上已建悬索桥绝大部分采用的是重力式锚碇。这除了与锚碇所处的地形、地质条件有关外,还与主缆架设方法、锚碇施工方法有关。

一般而言,若锚碇处有坚实岩层靠近地表,则修建隧道式锚碇(或称岩洞式锚碇)可能比较经济。美国华盛顿桥新泽西岸锚碇是隧道式的,其混凝土用量仅为纽约岸锚碇(重力式)的21%,但隧道式锚碇有传力机理不明确的缺点。若有坚实基岩层靠近地表,也可采用重力式锚碇,让锚块嵌入重基岩,使位于锚块前的基岩凭借承压来抵抗主缆的水平力。例如,汕头海湾大桥设计为重力前锚式锚碇,虎门大桥的东锚碇设计为山后重力式锚碇。

(三)加劲梁架设

悬索桥的加劲梁一般采用钢结构,早期以钢桁梁为主,个别中小跨度的悬索桥采用钢板梁。由于钢板梁的抗风性能不佳,自采用钢板梁的美国塔科马大桥被风振毁后,世界各国在较大跨度的悬索桥中不再采用钢板梁。

1.加劲梁断面形式

现阶段,加劲梁主要有钢桁梁(桁架式加劲梁)和钢箱梁(钢箱式加劲梁)

两类。

钢箱梁的抗风性能较好，风阻吸收仅为钢桁梁的1/4～1/2，且耗钢量较少；钢桁梁在双层桥面的适应性方面远较钢箱梁优越，适用于交通量较大、公铁两用或其他特殊条件下的悬索桥。例如，英国的赛文(Severn)桥、丹麦的小贝尔特桥、博斯普鲁斯二桥、英国的亨伯尔桥、西陵长江公路大桥、江阴长江公路大桥、厦门海沧大桥、宜昌长江公路大桥、武汉阳逻长江公路大桥、广州珠江黄浦大桥等都采用了钢箱梁；而重庆奉节长江大桥、贵州坝陵河大桥、北盘江大桥，湖北的四渡河大桥，湖南矮寨大桥等都采用了钢桁梁。

与一般钢桥相同，钢桁梁或钢箱梁均在工厂内制造，运输到现场后通过节段间现场连接的方法成桥。加劲梁的制造节段长度一般与钢桁梁的节间长度或其纵向吊索间距相同。

2.加劲梁架设安装顺序

加劲梁的架设安装顺序主要有两种形式：一种是从主跨跨中及两侧桥台向索塔的两侧推进；另一种是从索塔两侧分别向主跨跨中及两侧桥台推进。拼装顺序应能保证塔顶纵向位移尽可能较小，梁段的竖向变位起伏小，并有利于抗风稳定。美国旧金山奥克兰海湾大桥和维拉扎诺桥采用的是前一种顺序，而金门大桥和麦基纳克桥采用的是后一种顺序；欧洲多数桥梁(赛文桥、博斯普鲁斯海峡大桥、亨伯尔桥等)采用前一种顺序；在日本，除白鸟大桥外，几乎全部采用后一种顺序。

随着悬索桥施工实践的日益增多，加劲梁架设顺序也在不断发展。例如，日本的明石海峡大桥分别采用两种顺序进行架设。但无论采用哪种架设顺序，均须考虑主缆变形对加劲梁线形(高程)的影响，应在施工前尽可能先做模型试验与必要的计算分析，再结合各桥的特点加以确定。

3.缆载吊机

加劲梁架设的主要工具是缆载吊机，其由主梁、端梁及各种运行提升机构组成。缆载吊机横跨并支撑在两主缆上，其主梁跨度即为两主缆的中心距。

梁段用驳船浮运到安装位置的下方，提升梁上的卷扬机，放下提升钢丝绳。钢丝绳通过平衡梁与加劲梁节段连接。卷扬机将梁段提升到吊索位置后，将吊索下端与梁段上的吊点连接，同时，将本段梁段与相邻梁段临时铰接,然后松开平衡梁,本梁段即吊装完毕。

主缆是柔索结构,当只有部分梁段悬吊在主缆上时挠度很大,已吊装的加劲梁将产生很大的弯曲变形。如果梁段吊装到位后即与相邻梁段连接,则加劲梁将承担很大的弯曲应力,容易造成结构破坏。

为此,梁段吊装到位后只在上缘与相邻梁段形成铰接,下缘在吊装期间张开。随着吊装梁段的增加,主缆的局部挠度减小,加劲梁下缘的间隙逐渐闭合,待梁段全部吊装完成或大部分完成后,在相邻节段间永久固结连接。此时,加劲梁恒荷载完全由主缆承担,加劲梁只承担节段内的局部弯矩。

(四)施工阶段线形及内力控制

悬索桥施工过程中必须对塔柱弯矩、主缆线形及加劲梁线形加以控制,以使成桥时塔柱基本只承担竖向力,主梁线形达到道路线形要求。

在空缆状态下,主缆无论在中跨还是在边跨均为悬链线,当加劲梁安装完毕后,恒载接近于均布荷载,主缆线形接近于二次抛物线。在两种线形之间转换时主缆将向中跨移动,因此,塔顶的索鞍在加劲梁架设期间,必须可以在纵桥向移动,待架设完毕后再与塔顶固结。

主缆的长度是从成桥状态考虑成桥温度后,用无应力法计算得到的。再根据索股在主缆中的位置计算索股的长度,编索时先确定标准丝的长度,其余钢丝按照标准丝定长度。空缆的形状根据缆索的总长及中跨与边跨主缆水平分力相等的原则确定。空缆线形与成桥线形比较后可以得到索鞍在架设期间移动的距离。有了空缆线形后即可进行加劲梁吊装过程模拟计算,从而得到吊装过程中主缆、加劲梁的线形控制值,结果将用于现场操作控制。现场控制时将现场实测值与计算值比较,控制架设精度。

以上计算都必须考虑几何非线性效应,现在一般通过基于有限位移法的计算机程序进行计算,同时,考虑实测温度与计算温度差的补偿。

参考文献

REFERENCES

[1]白文鼎.公路工程施工合同管理措施研究[J].中国科技投资,2019,(21):60.

[2]陈方.公路路基施工的质量控制[J].黑龙江交通科技,2021(44):243-244.

[3]陈静.公路工程施工信息化管理应用[J].建筑工程技术与设计,2021,(2):2223.

[4]陈利,李杰科.高速公路景观绿化管理与施工要点探讨[J].西部交通科技,2019,(11):175-177.

[5]崔俊霞.公路桥梁工程施工中的质量控制[J].交通世界,2017,(17):19-20.

[6]傅建明.沥青路面施工质量控制[J].交通世界(工程技术),2021,(2):79-80.

[7]韩作新,冯子强.公路路基路面工程施工作业指导书[M].成都:电子科技大学出版社,2017.

[8]贺倩倩.普通干线公路养护道班分级布设标准化研究[J].湖南交通科技,2017,43(2):109-111,119.

[9]刘岗.桥梁工程施工风险安全控制分析[J].建筑工程技术与设计,2020,(27):1686.

[10]孙芳芳.公路施工质量控制与质量检测评价[J].工程技术(文摘版)·建筑,2016,(4):119.

[11]王小靖.公路工程施工技术[M].北京:中国原子能出版社.2017.

[12]王彦龙.浅议桥梁上部结构施工技术[J].商品与质量,2021,(2):177.

[13]谢承旭.桥梁施工风险管理方法探究[J].中国高新区,2017,(21):139.

[14]谢定坤,覃亚伟,张柯,张胜强.大型桥梁施工变更方案的云模型评价[J].土木工程与管理学报,2020,37(5):176-182.

[15]杨彬.浅析桥梁桥面系施工技术要点[J].市场调查信息(综合版),2021,(4):129.

[16]杨开.浅谈公路路面施工技术[J].环球市场,2021,(17):310.

[17]姚建全.桥梁工程基础施工技术要点分析[J].交通世界,2017,(26):127-128.

[18]张国兵.刍议公路桥梁工程的质量控制措施[J].建筑工程技术与设计,2019,(24):1963.

[19]张建全,杨晓波.公路工程施工成本管理及控制[J].建筑工程技术与设计,2020,(14):1655.

[20]张蕾.公路工程施工企业人力资源管理的现状及对策探讨[J].中外企业家,2020,(13):90-91.

[21]张彭凡,谭智慧.浅论公路工程测量[J].自然科学(全文版),2018,(4):278.

[22]张鹏,陶景新.桥梁下部结构施工技术探究[J].建筑工程技术与设计,2018,(11):1894.

[23]郑霜杰.桥梁工程施工技术[M].武汉:华中科技大学出版社,2018.

[24]钟诗圣.公路立交桥施工管理与控制[J].智能城市,2021,7(2):89-90.

图书在版编目（CIP）数据

公路与桥梁工程施工技术 / 邵景干著. -- 湘潭 : 湘潭大学出版社, 2023.9
ISBN 978-7-5687-1308-5

Ⅰ. ①公… Ⅱ. ①邵… Ⅲ. ①道路施工－工程施工②桥梁施工－工程施工 Ⅳ. ①U415 ②U445

中国国家版本馆 CIP 数据核字（2023）第 239263 号

公路与桥梁工程施工技术

GONGLU YU QIAOLIANG GONGCHENG SHIGONG JISHU

邵景干 著

责任编辑： 夏 露 王亚兰
封面设计： 夏茜旸
出版发行： 湘潭大学出版社
社　　址： 湖南省湘潭大学工程训练大楼
电　　话： 0731-58298960 0731-58298966（传真）
邮　　编： 411105
网　　址： http://press.xtu.edu.cn/
印　　刷： 长沙印通印刷有限公司
经　　销： 湖南省新华书店
开　　本： 710 mm×1000 mm 1/16
印　　张： 14.5
字　　数： 238 千字
版　　次： 2023 年 9 月第 1 版
印　　次： 2023 年 9 月第 1 次印刷
书　　号： ISBN 978-7-5687-1308-5
定　　价： 88.00 元